基于动态边界约束的
截面数据优化重构研究

张 旭 著

电子工业出版社
Publishing House of Electronics Industry
北京·BEIJING

内 容 简 介

本书主要介绍了截面数据特征间分段点的提取方法、利用二分搜索法提取精确的分段点、直线特征–样条特征满足 G^1 连续约束的截面数据重构、圆弧特征–样条特征满足 G^1 连续约束的截面数据重构、圆弧特征–样条特征满足 G^2 连续约束的截面数据重构、基于二维搜索的截面数据重构等内容。

本书可作为高等院校机械工程专业本科生与研究生的参考书，也可为从事逆向工程领域的科研人员提供指导。

未经许可，不得以任何方式复制或抄袭本书之部分或全部内容。
版权所有，侵权必究。

图书在版编目（CIP）数据

基于动态边界约束的截面数据优化重构研究/张旭著. —北京：电子工业出版社，2019.3
ISBN 978-7-121-35354-3

Ⅰ. ①基… Ⅱ. ①张… Ⅲ. ①截面分析－研究 Ⅳ. ①TU311

中国版本图书馆 CIP 数据核字（2018）第 245090 号

策划编辑：刘小琳
责任编辑：刘小琳
印　　刷：北京虎彩文化传播有限公司
装　　订：北京虎彩文化传播有限公司
出版发行：电子工业出版社
　　　　　北京市海淀区万寿路 173 信箱　邮编：100036
开　　本：720×1000　1/16　印张：7.75　字数：148 千字
版　　次：2019 年 3 月第 1 版
印　　次：2022 年 4 月第 3 次印刷
定　　价：68.00 元

凡所购买电子工业出版社图书有缺损问题，请向购买书店调换。若书店售缺，请与本社发行部联系，联系及邮购电话：(010) 88254888，88258888。
质量投诉请发邮件至 zlts@phei.com.cn，盗版侵权举报请发邮件至 dbqq@phei.com.cn。
本书咨询联系方式：liuxl@phei.com.cn，(010) 88254538。

前言

在逆向工程中，二维截面重构包括两个层次：低层次的外形相似、逼近精度；高层次的参数复原。在二维截面数据的逆向重构中，高层次的参数复原及复原精度是至关重要的。

本书将截面特征类型分为直线特征、圆弧特征和自由特征，各特征间满足一定的约束关系（G^0 连续约束、G^1 连续约束和 G^2 连续约束）。重点研究直线与样条特征相邻、圆弧与样条特征相邻的截面数据重构。二维截面数据在分段的过程中，由于分段点提取的精度不高，导致样条特征在分段点附近的重构效果与理论偏差较大，同时也导致直线特征与圆弧特征参数和理论值差距较大，进而影响产品的重构性能。本书以分段点为根本点，重点研究截面数据的高精度重构。首先采用数据平滑的方法提取分段点所在区间，然后分别从一维搜索和二维搜索的角度在所提取区间内搜索分段点。一维搜索的范围是指单纯在线上（直线或圆弧）搜索分段点；二维搜索是指将分段点所在区域划分出来，构成矩形区域，在整个矩形区域搜索分段点。在一维搜索中，根据约束类型又分为线性约束和非线性约束的情况。对于直线特征-样条特征满足 G^1 连续约束的截面数据，其约束为线性约束，采用黄金分割搜索分段点，提取精度可以达到 μ 级。对于圆弧特征-样条特征满足 G^1 连续约束的截面数据，由于圆弧特征相对于直线特征与样条特征更为相似，采用黄金分割法搜索的分段点精度不够，不能够达到 μ 级；本书另辟蹊径，采用粒子群算法搜索分段点，提取精度可以达到 μ 级，并将该方法称为粒子群-线性方法。该粒子群-线性方法同样适用于前面的直线特征-样条特征，满足 G^1 连续约束的截面数据重构问题。对于直线特征-样条特征满足 G^2 连续约束的截面数据重构问题，其约束也为线性约束，也采用粒子群-线性方法。对于圆弧特征-样条特征满足 G^2 连续约束的截面数据重构，其约束为非线性约束，需要经过特殊处理，再采用粒子群算法搜索分段点，将该方法称为粒子群-非线性方法。截面数据重构关键是分段点的提取，通过上述一维搜索和二维搜索获取高精度的分段点后，再以分段点为界，将截面数据分割为一段段单一特征数据，对每段单一特征数据拟合满足一定约束的特征，进而完成截面数据的高精度重构。

　　实例验证，分段点的提取误差达到 μ 级，进而使截面特征的重构精度和性能得到根本的改善。在逆向工程中，由于精度问题导致产品性能无法发挥，本书研究成果为其提供了一种理论解决方案。本书的研究适用于高、精、尖产品的逆向重构。

　　本书由张旭编写，参与本书研究工作的还有章海波、张冉、刘栋和冯兴辉等。其中，章海波负责第 4 章和第 7 章的研究工作，张冉负责第 2 章和第 3 章的研究工作，刘栋负责第 5 章和第 6 章的研究工作，冯兴辉参与了第 2 章的研究工作。

　　本书在编写过程中参阅了大量相关文献，得到了许多同仁的大力支持和帮助，在此向相关文献作者表示衷心的感谢。由于时间仓促，书中难免存在错误和不妥之处，恳请广大读者和专家批评指正。

作者

2019 年 1 月

目录

第1章 绪论 ··· 1
- 1.1 引言 ·· 1
- 1.2 问题的分析与提出 ·· 2
  - 1.2.1 分段点提取误差分析 ··· 2
  - 1.2.2 分段点影响特征参数的提取 ··· 4
  - 1.2.3 分段点影响截面特征的重构精度 ·································· 4
  - 1.2.4 分段点影响三维重构的性能 ··· 6
- 1.3 研究内容 ··· 7

第2章 分段点区间的提取 ·· 10
- 2.1 引言 ·· 10
- 2.2 直线特征—自由特征分段点的区间确定及提取 ······················· 10
  - 2.2.1 基于改进均值平滑方法的截面数据处理方法 ················· 11
  - 2.2.2 基于数理统计原理分段点区间的确定 ·························· 14
  - 2.2.3 实例分析 ·· 16
- 2.3 圆弧特征—自由特征分段点的区间确定及提取 ······················· 19
  - 2.3.1 圆弧—自由曲线分段点区间的确定 ····························· 19
  - 2.3.2 实例分析 ·· 21
- 2.4 本章小结 ·· 23

第3章 利用二分搜索法提取精确的分段点 ······································ 24
- 3.1 引言 ·· 24
- 3.2 截面特征曲线的拟合模型及约束表达 ···································· 25
  - 3.2.1 基于最小二乘法的曲线拟合 ······································· 25
  - 3.2.2 截面相邻特征曲线间 G^1 连续约束表达 ······················ 29
- 3.3 利用二分搜索法提取精确的分段点 ······································· 30

         3.3.1 直线特征与自由特征间分段点的提取 ································· 30
         3.3.2 圆弧特征与自由特征间分段点的提取 ································· 33
    3.4 基于边界处曲线切矢方向信息搜索精确分段点 ····························· 33
         3.4.1 现象分析及方法确定 ··· 33
         3.4.2 斜率误差修正值的确定 ··· 35
    3.5 截面数据优化重构模型及误差分析 ··· 36
         3.5.1 数学模型的建立与求解 ··· 36
         3.5.2 曲线逼近误差分析 ·· 37
    3.6 实例分析 ··· 38
         3.6.1 实例1：依据边界切矢方向搜索法 ································· 38
         3.6.2 实例2：二分搜索法 ··· 41
    3.7 两种求解精确分段点方法的比较 ··· 45
    3.8 本章小结 ··· 45

第4章 直线特征—样条特征满足 G^1 连续约束的截面数据重构 ··· 47
    4.1 引言 ·· 47
    4.2 基于黄金分割法的截面数据最优化重构 ······································ 48
         4.2.1 优化数学模型的建立 ·· 48
         4.2.2 黄金分割法的优化过程 ··· 49
    4.3 最优化的误差分析 ·· 50
         4.3.1 逼近误差分析 ··· 50
         4.3.2 约束误差分析 ··· 51
    4.4 应用实例 ··· 51
    4.5 本章小结 ··· 54

第5章 圆弧特征—样条特征满足 G^1 连续约束的截面数据重构 ··· 55
    5.1 引言 ·· 55
    5.2 基于边界 G^1 连续约束的截面重构 ··· 56
         5.2.1 基于边界 G^1 连续约束的截面数据重构 ······················· 56
         5.2.2 分段点对截面数据重构的影响 ·· 59
    5.3 基于粒子群算法的动态优化 ·· 61
         5.3.1 精确重构优化方案 ··· 61
         5.3.2 粒子群算法参数及适应度函数 ·· 63
         5.3.3 算法描述及时间复杂度 ··· 65

5.4 G^1 连续约束高精度重构实例分析 ·· 67
    5.4.1 基于 G^1 连续约束的直线与 B 样条曲线重构 ································ 67
    5.4.2 基于 G^1 连续约束的圆弧与 B 样条曲线重构 ································ 70
5.5 本章小结 ·· 72

第 6 章 圆弧特征—样条特征满足 G^2 连续约束的截面数据重构 ··············· 74
6.1 引言 ··· 74
6.2 基于 G^2 连续约束的截面数据重构 ·· 75
    6.2.1 特征间 G^2 连续约束表达 ·· 75
    6.2.2 基于边界 G^2 连续约束的截面数据重构研究 ································ 77
    6.2.3 G^2 连续约束添加最优化模型建立 ··· 78
    6.2.4 建立求解模型 ··· 81
6.3 G^2 连续约束高精度重构实例分析 ·· 81
6.4 本章小结 ·· 84

第 7 章 基于二维搜索的截面数据重构 ·· 85
7.1 引言 ··· 85
7.2 基于网格法的截面数据最优化重构 ·· 85
    7.2.1 优化数学模型的建立 ··· 86
    7.2.2 网格法优化过程 ·· 88
7.3 应用实例 ·· 92
7.4 本章小结 ·· 97

第 8 章 软件框架与实例 ·· 98
8.1 引言 ··· 98
8.2 STLViewer 软件简介 ··· 98
    8.2.1 STLViewer 软件实现逆向建模的策略 ··· 98
    8.2.2 软件框架与模块组成 ··· 99
    8.2.3 STLViewer 软件的主要功能 ··· 100
8.3 仿叶片叶身零件逆向 CAD 模型重构 ·· 100
    8.3.1 CAD 模型重构策略 ··· 101
    8.3.2 截面数据获取及预处理 ··· 101
    8.3.3 截面数据重构 ·· 102
    8.3.4 CAD 模型生成 ·· 104
8.4 某型航空发动机叶片逆向 CAD 模型重构 ··· 105

8.4.1　CAD 模型重构策略 ·· 106
　　8.4.2　截面数据获取及预处理 ·· 106
　　8.4.3　截面数据重构 ·· 106
　　8.4.4　CAD 模型生成 ·· 107
8.5　本章小结 ·· 107

第 9 章　结论与展望 ·· 108
9.1　总结 ·· 108
9.2　展望 ·· 109

参考文献 ·· 110

第 1 章
绪 论

摘要：本章介绍截面数据重构的重要意义，分析了国内外现状，归纳总结了现有研究方法的问题所在，进而提出研究的方向，最后概括了本书的研究内容。

1.1 引言

在逆向工程中，二维截面数据的重构是三维曲面重构的基础。二维截面逆向重构包括两个层次：低层次的外形相似、逼近精度；高层次的参数复原，包括复原初始的特征分类、初始参数化特征的参数（如直线的长度、圆弧的角度）等。

参数化反映了产品的高层次信息，可以通过修改少量参数达到对产品修改、改进的目的，因此参数化特征受到设计者们的广泛青睐。在产品的初始设计过程中，设计者通常会根据产品的功能、需求采用相应的参数化特征。例如，对于截面草图，设计者通常会采用直线、圆弧等参数化特征，对于更复杂的产品，还会用到自由特征。图 1.1 所示为航空涡轮叶片造型过程，航空涡轮叶片截面包括前缘、后缘、叶盆、叶背 4 部分型线，其中叶盆和叶背是两条自由特征，前缘和后缘则通常是两个圆弧特征[1,2]，为保证截面曲线的光滑拼接，特征间一般要保证曲率连续（G^1 连续约束），如图 1.2 所示。

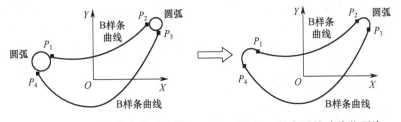

图 1.1　航空涡轮叶片造型过程　　图 1.2　航空涡轮叶片截面线

因此，在二维截面数据的逆向重构中，高层次的参数复原是至关重要的。"消化、吸收、创新"是被证明了的新产品快速开发的有效途径。"消化、吸收"不仅指低层次的外形相似,更重要的是高层次的参数复原,深入了解产品内涵,继而为进一步改进、创新提供条件。

1.2 问题的分析与提出

对于截面数据组成特征的划分,科研人员有着不同的见解。其中,采用单一类型曲线表达截面线是比较常用的方法。Liu 等人[3]和 Park 等人[4]提出采用多段直线段来表达重构的截面线。采用单一 B 样条曲线或者 NURBS 曲线来表达重构截面线的方式比较常见[5-10]。采用两种类型特征(直线和圆弧)表达重构截面有广泛的研究[11-16],其中较有代表性的是匈牙利计算机及自动化研究所 Benko[12,13]研究的由直线和圆弧两种曲线特征组成的截面曲线重建问题,以及曲线特征间的约束关系。王英惠[14]解决了由直线和圆弧构成的平面轮廓精确重构的问题;单东日[15]研究了相同的问题,但他采用的是直线和圆弧的几何参数表达。采用直线、圆弧和自由曲线 3 种曲线类型表达截面重构特征丰富了截面特征的内涵信息量。叶晓平等人[16]提出用分步的方式进行截面轮廓拟合的方法,逐步拟合直线、圆弧、自由曲线。Ueng 等人[17]总结了约束曲线拟合和非约束曲线拟合问题,约束曲线拟合问题包括固定端点曲线拟合问题、封闭曲线拟合问题及具有一定连接条件的相邻曲线整体拟合问题。Szobonya 等人[18]讨论了边界切矢约束条件的曲线拟合问题。柯映林[19]综合考虑直线、圆弧和自由曲线,以及相切约束,整体优化重构截面曲线,可以获得较好的整体光顺性。这里将截面特征类型分为直线特征、圆弧特征和自由特征。

截面数据包含不同的特征类型,需要对截面数据进行分段。国内外专家对特征分段进行了大量研究。Tai[10]和 Huang[5]提出了一种基于截面数据的离散曲率信息估算的方法进行数据分段。Imani[20]提出了一种角偏差法提取分段点对截面数据进行分割。无论是曲率信息估算法还是角偏差法,提取的分段点都具有一定的误差,通常为理论分段点附近的采样点。而分段点提取的精度将会影响特征参数的提取,影响截面数据重构的精度,最终影响后续三维重构模型的性能。

1.2.1 分段点提取误差分析

这里以曲率法提取分段点为例,分析分段点的提取误差。假设对应截面轮廓数据 $I=\{p_0,p_1,\cdots,p_m\}$ 的曲率序列是 $K=\{K_0,K_1,\cdots,K_m\}$,那么 p_i 处的离散曲率 K_i 定义为通过 3 个相邻数据点 p_{i-1}、p_i 和 p_{i+1} 的圆的曲率[21],如图 1.3 所示。

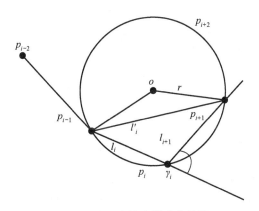

图 1.3　数据点的离散曲率估算

$$K_i = \frac{2\Delta p_{i-1}p_ip_{i+1}}{l_i l_{i+1} l'_i} = \mathrm{sgn}(\Delta p_{i-1}p_ip_{i+1})\frac{\sin\gamma_i}{l'_i} \tag{1-1}$$

式中，$i=1,2,\cdots,m-1$，$l_i=|p_i-p_{i-1}|$，$l'_i=|p_{i+1}-p_{i-1}|$；$\Delta p_{i-1}p_ip_{i+1}$ 是三角形的有向面积，设定 p_{i-1}、p_i 和 p_{i+1} 的逆时针方向面积为正，反之为负。

使用曲率法从截面数据中提取分段点，具有以下误差：

（1）采样误差。理论分段点通常位于两个相邻数据点之间。由于截面数据点列是离散的，在测量采样时一般不会刚好采样到理论分段点。

（2）系统误差。即使测量采样时刚好采样到理论分段点，由于测量误差、产品制造误差等影响因素，实际分段点不可能刚好与理论分段点重合，二者之间存在一定的系统误差。

（3）方法误差。曲率估算法本身是对离散点处微分性质的一种估算，受采样密度、系统误差等因素的影响较大，据此提取的分段点通常是理论分段点附近的一个点。

综上所述，基于曲率估算法提取的实际分段点与理论分段点具有一定误差，通常为理论分段点附近的采样点，如图 1.4 所示。

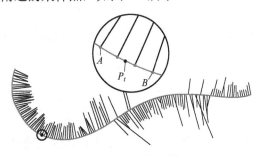

图 1.4　分段点提取情况

1.2.2 分段点影响特征参数的提取

对于直线特征、圆弧特征表达可以通过最小二乘法重构获得。然而，对于初始参数的提取（如直线的长度、圆弧的角度等），取决于特征间的分段点，特征间分段点提取精度的高低决定了初始参数提取的优劣。

1.2.3 分段点影响截面特征的重构精度

以相邻特征为圆弧和自由特征的截面数据为例进行分析。根据上述分析，分段点的提取受很多因素影响，提取的分段点通常为理论分段点附近的一个近似分段点。采用近似分段点对截面数据进行分割，获取单一的圆弧特征数据和自由特征数据。由于近似分段点附近的数据不确定性，使圆弧特征数据可能会包含样条特征上的数据，进而影响圆弧特征的重构精度；同理，也会影响自由特征的重构精度。这里重点介绍分段点提取精度对自由特征重构的影响。

为检验分段点对带边界约束条件的 B 样条曲线的重构质量，现利用 UG NX 8.5 构建一个直线与 B 样条曲线相连接的草图（已知理论分段点），采集曲线上的数据点集，如图 1.5（a）所示。

分别以理论分段点及其附近的左、右采样点作为分段点，使用目前逆向工程师实际逆向建模过程中最常用的分步重构法进行截面数据重构，重构结果如图 1.5（b）所示。根据图 1.5（c）可知，以左采样点 P_p^1、右采样点 P_p^2 作为分段点分别进行截面数据重构得到曲线 C_1、C_2，在直线与 B 样条曲线的拼接处，B 样条曲线偏向截面数据点的一侧，倘若以曲率法获得的分段点进行截面重构，其在拼接处的影响将更大；而采用理论分段点 P_t 得到的曲线 C_3 效果会比较好，不会明显偏向一侧。

根据 p 次 B 样条曲线的定义：

$$C(u) = \sum_{i=0}^{n} N_{i,p}(u) P_i \qquad (1\text{-}2)$$

式中，P_i 为控制点，$N_{i,p}(u)$ 为样条基函数。而 B 样条基函数 $N_{i,p}(u)$ 由节点矢量定义为：

$$N_{i,j}(u) = \begin{cases} 1, & u_i \leqslant u \leqslant u_{i+1} \\ 0, & 其他 \end{cases}$$

$$N_{i,p}(u) = \frac{u - u_i}{u_{i+p} - u_i} N_{i,p-1}(u) + \frac{u_{i+p+1} - u}{u_{i+p+1} - u_{i+1}} N_{i+1,p-1}(u) \qquad (1\text{-}3)$$

由 B 样条曲线定义可知，影响 B 样条曲线形状的两个主要因素为控制点和节点矢量。

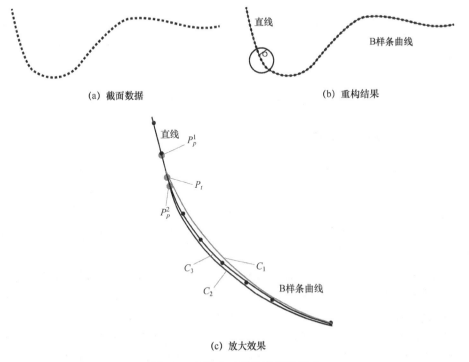

图 1.5 分段点对重构结果的影响

首先，实际分段点影响了 B 样条特征的控制点。

以 4 阶 3 次 B 样条曲线为例，根据其定义有 $C(0)=N_{0,3}(0)P_0=P_0$，即 B 样条特征端点插值于实际分段点，而 B 样条特征端点也是第一个控制点，因此，实际分段点即第一个控制点 P_0。由于实际分段点与理论值的偏差，导致第一个控制点 P_0 与理论值产生偏移，进而 B 样条特征的其他控制点经过重新优化组合，也与理论值产生偏移。因此，实际分段点影响了 B 样条特征的控制点 $P=\{P_0,\cdots,P_n\}$。

其次，实际分段点影响了 B 样条特征节点矢量。

节点矢量的配置有多种方法，这里以积累弦长参数化方法为例进行分析。采用这种方法进行节点矢量的配置，由于分段点的提取不精确，导致配置的节点矢量与理论值存在偏差，即影响 B 样条基函数 $N_{i,p}(u)$：

$$\tilde{u}_i = \frac{\sum_{j=1}^{i} L'_j}{L} \tag{1-4}$$

$$\tilde{u}'_i = \frac{\sum_{j=1}^{i} L'_j}{L'} = \frac{\sum_{j=1}^{i} L_j + \Delta L}{L + \Delta L} \tag{1-5}$$

式中，L 为初始分段点情况下的累计弦长；ΔL 为弦长变化量；L' 为理论分段点情况下的累计弦长；$\tilde{u}_i$ 为初始分段点情况下的参数化值；$\tilde{u}'_i$ 为理论分段点情况下的参数化值。u_i 为初始分段点情况下的节点矢量；u'_i 为理论分段点情况下的节点矢量。

综上所述，分段点的精确与否直接影响了重构的 B 样条特征。

1.2.4 分段点影响三维重构的性能

三维重构模型通常通过对二维截面拉伸、旋转、扫成或蒙皮等规则来生成，本文以蒙皮曲面重构为例考证分段点对三维重构模型的影响，使用 UG NX 8.5 设计一个蒙皮的三维模型，并采用 NX Imageware 13.2 对其进行重构。为最大程度复原设计者的初始设计意图，本书依据设计时截面线所在位置对点云数据进行切片处理。

图 1.6 为模型理论分段点与重构过程中人机交互确定的分段点（依循截面特征对应原则）情况分析图。虽然重构过程中基本保证了特征对应，但由于分段点的不精确，造成特征偏移现象，直接蒙皮曲面会发生参数扭曲致使曲面质量难以满足要求。重构过程中，虽然可以人机交互增加或调整控制点，使得重构的三维模型满足精度及约束的要求，但这又降低了截面曲线的光顺性，以及重构的效率，且无法满足初始设计意图。

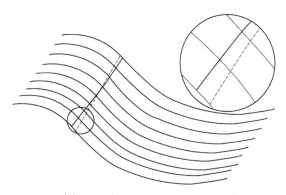

图 1.6　截面数据特征提取情况

由于分段点提取的偏差，导致样条特征在分段点附近的重构效果与理论偏差较大，进而影响曲面在分界线附近的重构性能。

基于如上分析，分段点对于截面数据重构的影响至关重要。本书从分段点出发，研究二维截面数据的重构。这里将截面特征类型分为直线特征、圆弧特征和自由特征，各特征间满足一定的约束关系（G^0 连续约束、G^1 连续约束和 G^2 连续约束)。对于直线特征和圆弧特征相邻情况的重构,可参见文献[13],本书重点研究直线与样条特征相邻、圆弧与样条特征相邻的截面数据重构。

1.3 研究内容

本书重点研究截面数据的高精度重构。首先采用数据平滑的方法提取分段点所在区间,然后分别从一维搜索和二维搜索的角度在所提取区间内搜索分段点。一维搜索的范围是指单纯在线上(直线或圆弧)搜索分段点;二维搜索是指将分段点所在区域划分出来,构成矩形域,在整个矩形区域搜索分段点。在一维搜索中,根据约束类型又分为线性约束和非线性约束的情况。对于直线特征-样条特征满足 G^1 连续约束的截面数据,其约束为线性约束,首先采用二分搜索法提取较高精度的分段点。为了提高效率和精度,进一步探索黄金分割法搜索分段点,提取精度可以达到 μ 级。对于圆弧特征-样条特征满足 G^1 连续约束的截面数据,由于圆弧特征相对直线特征,与样条特征更为相似,采用黄金分割法搜索的分段点精度不够,不能够达到 μ 级。因此,本书另辟蹊径,采用粒子群算法搜索分段点,提取精度可以达到 μ 级,该方法称为粒子群-线性方法。该粒子群-线性方法同样适用于前面的直线特征-样条特征满足 G^1 连续约束的截面数据重构问题。对于圆弧特征-样条特征满足 G^2 连续约束的截面数据重构,其约束为非线性约束,需要经过特殊处理,在采用粒子群算法搜索分段点,该方法称为粒子群-非线性方法。截面数据重构的关键是分段点的提取,通过上述一维搜索和二维搜索获取高精度的分段点后,再以分段点为界,将截面数据分割为一段段的单一特征数据,对每段单一特征数据拟合满足一定约束的特征,进而完成截面数据的高精度重构。

本书研究内容框架如图1.7所示。

第1章为绪论部分,介绍截面数据重构的重要意义,分析国内外现状,归纳总结现有研究方法的问题所在,进而提出研究的方向,最后概括本书的研究内容。

第2章针对直线与自由曲线的分段点区间确定及提取,首先提出基于改进均值平滑方法的截面数据处理方法,对截面数据进行有效的平滑处理;其次提出基于数理统计原理的分段点区间确定方法,主要包括基于 3σ 原则分段点区间右端点的确定和基于相关系数方法区间左端点的确定;然后建立分段点的提取模型并对其进行求解。针对圆弧与自由曲线的分段点区间确定及提取,提出线性化的处理方法,然后利用基于数理统计原理的方法进行分段点区间的确定。

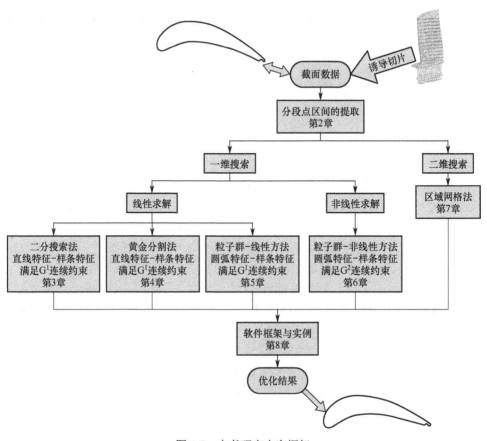

图 1.7　本书研究内容框架

第 3 章采用二分搜索法重构截面数据，研究截面数据分段点的精确提取方法。首先研究直线、圆弧的最小二乘拟合算法，以及基于误差控制的 B 样条曲线自适应拟合算法，给出了相应的表达式，在此基础上研究直线、圆弧分别与 B 样条曲线之间的 G^1 连续约束表达式。然后基于 B 样条曲线拟合时具有的特性，提出两种截面数据分段点精确提取方法：以 B 样条曲线逼近误差期望值为判定条件的二分搜索法和基于 B 样条曲线在边界处切矢方向与直线方向夹角信息，在合适阈值下的判断方法。结合实例，采用目前应用较多的分步重构法和整体重构法与本书改进重构法进行对比分析。分别从拟合曲线的逼近误差、截面轮廓特征分段点位置精度和整个截面轮廓线的重构质量等方面进行比较分析，实例的分析结果表明本书提出的方法是可行有效的。最后给出在实际应用中基于截面轮廓线的逆向建模实例。

第 4 章介绍了直线特征-样条特征满足 G^1 连续约束的截面数据重构，提出一种基于一维搜索的高精度截面数据重构方法。根据截面数据的离散曲率信息初步提取分段点，确定理想分段点所在区域，并以区域端点为界将截面数据分割成具有单一特征的数据段；优先重构自由度小的直线特征、圆弧特征，再重构自由特征，耦合边界约束模型和自由特征自身的重构模型，建立优化模型，采用拉格朗日乘子法求解。在自由特征的重构过程中，建立特征间连接点的精确提取模型，利用黄金分割法动态搜索最优连接点。

第5章介绍圆弧特征-样条特征满足 G^1 连续约束的截面数据重构，针对 G^1 连续截面数据重构，本书提出基于粒子群算法动态找寻精确分段点的高精度重构方法。根据截面数据分段情况及特征表达，优先重构自由度少的直线、圆弧特征曲线，再根据边界 G^1 连续约束重构自由特征，建立优化模型，采用拉格朗日乘子法进行求解。然后基于上述重构结果，采用添加边界 G^1 连续约束条件的粒子群算法调整控制点并辅以节点矢量优化，找寻精确分段点，提高截面重构质量。

第6章介绍圆弧特征-样条特征满足 G^2 连续约束的截面数据重构，针对 G^2 连续截面数据重构，由于其约束为非线性条件，可通过非线性问题线性化求解，但这种方法比较复杂，容易产生拟合失败的情况。本书另辟蹊径，采用逐步添加约束的思想，进行截面数据初步重构，提出 G^2 连续约束添加最优化模型。首先对截面数据进行基于 G^1 连续截面数据重构，根据 G^2 连续约束添加最优化模型插入最优节点，微调控制点，从而既满足 G^2 连续约束条件又能保证截面数据重构质量。然后基于上述重构结果，采用添加边界 G^2 连续约束条件的粒子群算法找寻精确分段点，提高截面重构质量。

第7章提出一种基于二维搜索的截面数据重构方法。通过对截面数据进行曲率分析，找出理论分段点所在的大致区域。利用离散变量型普通网格法将此区域网格化，再将所有网格节点当作候选分段点。对每一网格节点，先重构过该网格节点的自由度小的直线（圆弧）特征，再重构自由曲线，重构的自由曲线满足与直线（圆弧）特征在连接处 G^1 连续约束，且端点插值该网格节点。统计不同网格节点下，数据点到曲线的逼近总误差和自由特征的控制点数，并据此动态找寻最优分段点。最终以最优分段点为界重构满足边界约束信息的截面特征。

第8章介绍面向特征的截面数据重构软件STLViewer；详细介绍了在该软件中采用本书提出的方法进行仿叶片叶身实物零件的面向特征的CAD模型重构过程。

第9章在总结全书研究内容及创新点的基础上，指出了下一步还要进行研究的问题。

第2章
分段点区间的提取

摘要：本章对直线与自由曲线的分段点区间进行确定及提取，首先提出基于改进均值平滑方法的截面数据处理方法，对截面数据进行有效平滑处理；其次提出基于数理统计原理的分段点区间确定方法，主要包括基于 3σ 原则分段点区间右端点的确定和基于相关系数方法区间左端点的确定；然后建立分段点的提取模型并对其进行求解。针对圆弧与自由曲线的分段点区间进行确定及提取，提出线性化的处理方法，然后利用基于数理统计原理的方法进行分段点区间的确定。

● 2.1 引言

针对截面数据重构的问题，特征之间分段点的提取精度直接影响截面数据重构的精度和性能。为了提取高精度分段点，一般需要在理论分段点附近一段区间内迭代找寻最优分段点，这样分段点所在区间的提取直接影响分段点提取的效率和精度。但现在普遍的做法是采用人机交互的方法来大致确定搜索区间，这样不仅有可能降低截面曲线的重构效率，而且会影响其重构精度。因此，本书另辟蹊径，提出分段点区间的自动提取方法。根据不同特征间的分段点不同，这里将提取方法分为两类：直线-自由特征分段点的区间提取和圆弧-自由特征分段点的区间提取。

● 2.2 直线特征-自由特征分段点的区间确定及提取

近年来，在实际的截面曲线逆向建模过程中对截面数据进行分段的常用方法为：通过截面数据的离散曲率信息与工程师的个人经验，实现截面曲线分段点的初步提取，然后再对单一特征的分段数据进行重构。Huang 和 Tai[5]在截面数据分段中，提出了一种基于截面数据离散曲率信息的方法来进行截面数据分段；Lv 等人[22]在将物体结构分为规则和不规则的基础上，提出了改进的正负因子曲率分析方法和多边形逼近方法，对截面数据进行大致分段，以此进行截面数据重构；徐进等人[23]对数据点进行均匀弧长重采样处理后，利用相邻数据点的曲率符号变化和曲率差分情况来识别特征点；王英惠等人[14]提出了一种近似曲率法来识别平面轮廓的特征点；章海波等人[24]提出了改进的优化重构方法，首先通过曲率分析交互地确定理想分段点所在区域，之后在所确定的区间内进行高精度重构。该改进重构方法大大提高了重构精度，但利用人机交互方法确定分段点所在区间，不仅会导致所确定的区间偏大，而且区间大小也会因工程师的经验不同而不同。

针对以上不足，本章提出了一种新的基于数理统计原理的分段点区间确定方法，该方法的特点在于摒弃了区间确定中的人机交互行为，同时分别对区间确定及分段点提取进行了实例验证。

2.2.1 基于改进均值平滑方法的截面数据处理方法

由测量设备所获取的各种产品的离散数据中，不基于改进均值平滑方法的截面数据处理方法不可避免地包含噪声点和奇异点。为减少这些点对截面数据重构的影响，首先应对数据进行平滑处理，以降低噪声点对分段点区间判断的影响。基于均值平滑方法的截面数据处理方法是目前常用的一种方法，其算法简单、平滑效果明显。

1. 截面数据的均值平滑处理

在截面数据平滑处理的常用方法中，高斯滤波能在滤波的同时较好地保持数据的原始特征，但平均效果较小；中值滤波器是将窗口内各数据点的统计中值作为采样点的值，该方法较适用于去除数据毛刺；均值滤波是将统计窗口内各数据点的平均值作为采样点的值，该方法简单易行。

本书使用的均值平滑方法主要目的是使截面数据直线端所有点尽可能地靠近利用最小二乘法拟合的直线，使特征区分更加明显，从而更有利于分段点区间的判定，均值平滑公式为：

$$y_i = (y_{i-2}^* + y_{i-1}^* + y^*)/3, \ i \geq 3 \quad (2\text{-}1)$$

利用式（2-1）进行处理的目的为：

（1）固定每个点的 X 坐标，只对其 Y 坐标进行平滑，避免因同时平滑而使曲线左右移动，减小对分段点区间判断的影响。

（2）将平滑后的 Y 坐标赋给 3 个点中的最后一个，从而可以保证所有直线上的数据点不会变为样条上的数据点。

现取一组经实际测量得到的直线与 B 样条曲线截面数据点列，记为集合 $I=\{P_0^*,\cdots,P_n^*\}$，其中 $P_i^*=(x_i^*,y_i^*)$。对该组数据进行均值平滑处理后，数据点列变化情况如图 2.1 所示。

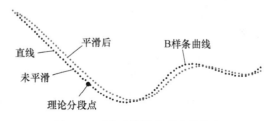

图 2.1　平滑后数据点列变化情况

但是由图 2.1 不难看出，平滑后截面数据的数据点列整体发生偏移，分段点的位置也因此发生变化，这种情况的出现不利于后续分段点所在区间的判断。

2．原因分析

为了进一步探究出现此类偏移现象的具体原因，设经实际测量得到的直线与 B 样条曲线数据点集合 $I=\{P_0^*,\cdots,P_n^*\}$ 中，每个点对应的理论坐标为 $p_i'=(x_i',y_i')$。设理论坐标到实际坐标之间的距离误差为 error_i，则 $y_i^*=y_i'\pm\text{error}_i$。从数据点集合 $I=\{P_0^*,\cdots,P_n^*\}$ 中任取 P_1、P_2、P_3 三点，设这三点纵坐标与理论点纵坐标的差为 $y_1^*=y_1'+\text{error}_1$，$y_2^*=y_2'+\text{error}_2$，$y_3^*=y_3'+\text{error}_3$。把平滑后的数据点列记为 $p_i''=(x_i'',y_i'')$，对其利用均值平滑公式进行平滑可得：

$$y_3''=\left(\frac{y_1^*+y_2^*+y_3^*}{3}\right)=\left(\frac{y_1'+\text{erorr}_1+y_2'+\text{erorr}_2+y_3'+\text{erorr}_3}{3}\right) \quad(2\text{-}2)$$

式（2-2）中每点的理论坐标 y_1'、y_2'、y_3' 是不同的，同时每点的误差 error_1，error_2，error_3 也是不同的。但如果每点的理论坐标 y_1'、y_2'、y_3' 为同一个值 y，则平滑公式变为：

$$y_3''=\left(\frac{y_1^*+y_2^*+y_3^*}{3}\right)=\left(\frac{3y+\text{error}_1+\text{error}_2+\text{error}_3}{3}\right) \quad(2\text{-}3)$$

而其中 $(\text{error}_1+\text{error}_2+\text{error}_3)\leqslant\max|\text{error}|$，说明在这种平滑的情况下 error 变小，error 越小证明实际测量点就越靠近理论点。这种 error 变小的情况正是平滑方法所追求的。所以改进的关键点在于：将直线端的理论坐标 Y 变为同一个值，即将拟合直线旋转为一条水平直线，如图 2.2 所示，图 2.2（a）为未旋转时的情况；图 2.2（b）为旋转后的情况。

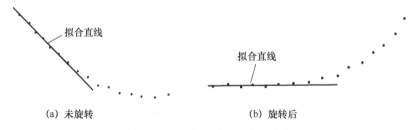

(a) 未旋转　　　　　　　　　　(b) 旋转后

图 2.2　拟合直线旋转为水平直线

3．改进措施

经前面分析可知，接下来需要对拟合的直线进行旋转。对上述经测量得到的数据点集合 $I=\{P_0^*,\cdots,P_n^*\}$ 进行处理，如图 2.3（a）所示。首先，对截面数据进行曲率分析。根据曲率特征选取直线上的数据点，为确保直线数据的单一性，去除理论分段点附近的一段数据，取直线上 m 个数据点集合为 $J=\{P_0^*,\cdots,P_m^*\}$，其中 $m<n$；其次，对数据 J 利用最小二乘法拟合一条直线 L，如图 2.3（b）所示。根据直线 L 与 X 轴的夹角 θ 确定旋转矩阵 A，其中绕原点逆时针旋转的旋转矩阵 $A=\begin{pmatrix}\cos\theta & \sin\theta\\ -\sin\theta & \cos\theta\end{pmatrix}$，绕原点顺时针旋转的旋转矩阵 $A=\begin{pmatrix}\cos\theta & -\sin\theta\\ \sin\theta & \cos\theta\end{pmatrix}$。故原始的噪声数据经旋转变化后得到新的数据点集合记 $p_i^m=(x_i^m,y_i^m)$，旋转后的数据点列如图 2.3（c）所示。旋转的矩阵表达式为：

$$\begin{pmatrix}x_i^m\\ y_i^m\end{pmatrix}=\begin{pmatrix}\cos\theta & \sin\theta\\ -\sin\theta & \cos\theta\end{pmatrix}\begin{pmatrix}x_i^*\\ y_i^*\end{pmatrix} \tag{2-4}$$

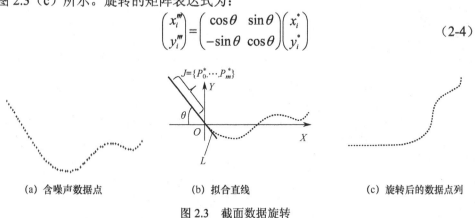

(a) 含噪声数据点　　　　(b) 拟合直线　　　　(c) 旋转后的数据点列

图 2.3　截面数据旋转

对旋转后的数据利用均值平滑方法降低截面数据的噪声，以便下面进行分段点所在区间的确定。把处理完成后得到的数据点集合记为 $K=\{P_0,\cdots,P_n\}$，其中 $P_i=(x_i,y_i)$，并分析平滑前后数据点列的曲率变化情况，其中未平滑时截面数据的曲率分析如图 2.4（a）所示，平滑后截面数据的曲率分析如图 2.4（b）所示。由平滑前后截面曲线曲率分析对比图可知，平滑过后的截面曲线在去除噪声上有明显改善。

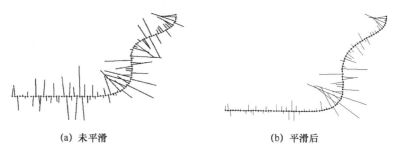

(a) 未平滑　　　　　　　　　　(b) 平滑后

图 2.4　截面数据曲率分析

2.2.2　基于数理统计原理分段点区间的确定

1. 基于 3σ 原则分段点区间右端点的确定

正态分布是最重要也是应用最广泛的一种概率分布，其概率密度函数[25]为：

$$f(x)=\frac{1}{\sigma\sqrt{2\pi}}\exp\left[-\frac{(x-\mu)^2}{2\sigma^2}\right] \quad -\infty<x<+\infty, \text{记为} X \sim N(\mu,\sigma^2) \quad (2-5)$$

式中，μ 为随机变量的均值，σ 为随机变量的标准差。由标准正态分布的概率表可知：

$$\begin{aligned}P(|X-\mu|<\sigma)&=2\Phi(1)-1=68.27\%\\P(|X-\mu|<2\sigma)&=2\Phi(2)-1=95.45\%\\P(|X-\mu|<3\sigma)&=2\Phi(3)-1=99.73\%\end{aligned} \quad (2-6)$$

由式(2-6)可得，尽管正态分布随机变量的取值范围是全体实数，但落在($\mu-3\sigma$, $\mu+3\sigma$)内的概率为 99.73%，所以落在($\mu-3\sigma$, $\mu+3\sigma$)之外的可能性是很小的，称为小概率事件。

由此联想到，如统计出直线部分数据点纵坐标的均值和方差，计算出 3σ 的区间，则跳出该区间第一个点就为非直线点，即为样条点。本书利用这一性质便可以找到分段点所在区间的右端点。首先，根据曲率特征选取直线上的数据点，为确保直线数据的单一性，去除理论分段点附近的一段数据，所得的 m 个直线上的数据点为 $L=\{P_0,\cdots,P_m\}$ ($m<n$)，计算 P_0 到 P_m 数据点纵坐标的均值 μ 和标准差 σ；其次，根据计算的均值 μ 和方差 σ 确定($\mu-3\sigma$, $\mu+3\sigma$)区间；最后，编程计算第一个跳出区间的数据点，并将其作为区间的右端点，记为 P_{right}，如图 2.5 所示。

第 2 章　分段点区间的提取

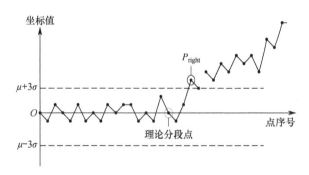

图 2.5　基于 3σ 原则确定区间右端点

2. 基于相关系数方法区间左端点的确定

相关系数是用来度量变量间相关关系的一类指标的统称。但就参数值而言，常用的是皮尔逊积矩相关系数（简称相关系数，记作 ρ），它是对两个随机变量之间线性关系的标准化测量。随机变量 X 和 Y 的数学期望 $E(X)$ 和 $E(Y)$ 反映了 X 和 Y 各自的平均值，方差 $D(X)$ 和 $D(Y)$ 反映了 X 和 Y 各自与均值的偏离程度，$E\{[X-E(X)][Y-E(Y)]\}$ 为随机变量 X 和 Y 的协方差，即为 $\mathrm{Cov}(X,Y)$，则称

$$\rho(X,Y) = \frac{\mathrm{Cov}(X,Y)}{\sqrt{D(X)}\sqrt{D(Y)}} \tag{2-7}$$

为随机变量 X 和 Y 的相关系数，记为 $\rho(X,Y)$。相关系数具有以下性质：

（1）当 $0.8 \leqslant |\rho|$ 时，两个数组可视为高度相关。

（2）当 $0.5 \leqslant |\rho| < 0.8$ 时，两个数组可视为中等相关。

（3）当 $0.3 \leqslant |\rho| < 0.5$ 时，两个数组可视为中低等相关。

（4）当 $|\rho| < 0.3$ 时，说明两个数组相关性极弱。

从该性质可知随机变量 X 和 Y 的相关系数超过 0.5，则可以认为两组随机变量有中等相关性。从已确定的区间右端点 P_{right} 开始依次向左取与 $L=\{P_0,\cdots,P_m\}$ 相同长度的数组 Y_i（见图 2.6），计算各数组与 $L=\{P_0,\cdots,P_m\}$ 的相关系数，并将相关系数大于或等于 0.5 时对应的点作为区间的左端点，记为 P_{left}。本书利用该性质确定区间左端点，具体方法为：首先，根据曲率特征选取直线上的数据点，为确保直线数据的单一性，去除理论分段点附近的一段数据，所得直线上的数据为 $L=\{P_0,\cdots,P_m\}$（$m<n$）。假设 $P_0,\cdots,P_m$ 构成的数组为 X；其次，依次从上面确定的区间右端点 P_{right} 向左取相同长度的曲率构成数组 $Y_0,Y_1,\cdots,Y_r$；接下来，分别计算随机变量的期望值 $E(X)$，$E(Y_1)$，$E(Y_2)$，$\cdots$，$E(Y_r)$；根据公式：

$$\mathrm{Cov}(X,Y) = E\{[X-E(X)][Y-E(Y)]\} \tag{2-8}$$

分别计算随机变量 X 和 $Y_0, Y_1, \cdots, Y_r$ 的协方差；然后根据式（2-8）分别计算随机变量 X 和 $Y_0, Y_1, \cdots, Y_r$ 的相关系数，并记作 $\rho_1(X,Y_1), \rho_2(X,Y_2), \cdots, \rho_r(X,Y_r)$（$0 \leq |\rho| \leq 1$）；最后，编程计算相关系数中第一个大于 0.5 的点，并将其对应的点作为区间的左端点，记为 P_{left}，如图 2.7 所示。

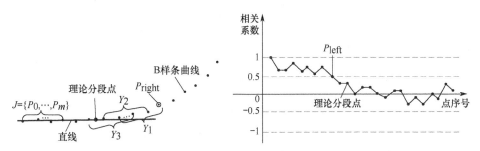

图 2.6 从 P_{right} 分别向左取与 J 相同长度的数组 Y_i 图 2.7 基于相关系数确定区间左端点

综上便得到了分段点所在的区间（$P_{\text{left}}, P_{\text{right}}$），接下来就可以在已确定的区间内使用黄金分割法寻找最优分段点，以提高截面曲线的重构精度。

2.2.3 实例分析

为有效检验分段点区间确定方法的可行性，利用 UG NX 8.5 设计包含直线、圆弧和 B 样条曲线 3 种截面特征的模型，理论模型如图 2.8 所示，加工得到的实际工件如图 2.9 所示。

然后利用实验室中深圳固高科技有限公司生产的三坐标测量机型号 YXB-654 对实际工件进行测量，机器如图 2.10（a）所示；由此得到的截面离散数据如图 2.10（b）所示。取截面离散数据中直线与 B 样条曲线的数据（圆圈 A 内的数据），利用基于数理统计原理的方法来确定分段点所在区间。为进一步检验分段点确定方法的可行性，我们对目前截面数据重构常用的分步重构法、基于不同领域窗口法和本书的基于数理统计原理的分段点区间确定法 3 种方法进行比较。

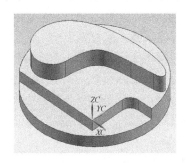

图 2.8 UG NX 8.5 设计的理论模型   图 2.9 实际加工得到的实际工件

第 2 章 分段点区间的提取

(a) 测量数据的三坐标测量机

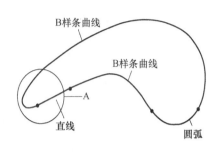

(b) 测量的截面离散数据

图 2.10 三坐标测量机及模型数据

圆圈 A 内的直线与 B 样条曲线数据其理论分段点为 $P_{id}(5,1)$，直线与 B 样条曲线的数据放大图如图 2.11（a）所示；由于分步重构方法需要根据离散数据点的曲率初步判断分段点所在的区间，对其曲率的分析结果如图 2.11（b）所示；对直线与 B 样条曲线进行旋转处理，如图 2.11（c）所示；利用本书方法确定的分段点区间结果如图 2.11（d）所示；三种方法确定的区间对比放大图如图 2.11（e）所示。

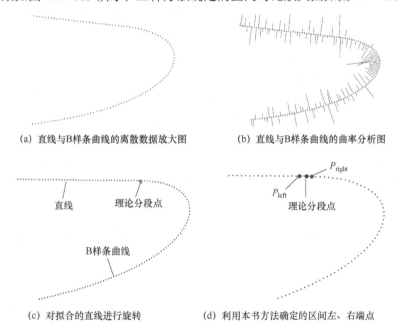

图 2.11 直线与 B 样条曲线分段点区间确定过程

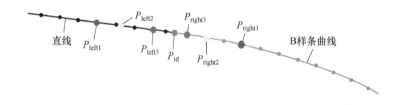

(e) 3种方法所确定区间的对比放大图

图 2.11　直线与 B 样条曲线分段点区间确定过程（续）

由于分步重构法的区间确定是人机交互确定的分段点区间，由曲率分析图初步判定的区间左端点为 P_{left1}（3.62788,0.83925），右端点为 P_{right1}（6.98817,1.13019）；基于不同领域窗口法确定的区间左端点为 P_{left2}（4.13752,0.71435），右端点为 P_{right2}（5.81263,1.20582）；利用本书方法确定的分段点所在区间左端点为 P_{left3}（4.62408,0.62122），右端点为 P_{right3}（5.39838,1.31214）。3 种方法所确定区间的长度对比如表 2.1 所示。

表 2.1　直线与 B 样条曲线分段点区间确定方法比较

方　法	理论分段点 P_{id}	区间左端点 P_{left}	区间右端点 P_{right}	左、右端点间距离/mm
分步重构法	(5, 1)	(3.62788, 0.83925)	(6.98817, 1.13019)	3.37286
不同领域窗口法	(5, 1)	(4.13752, 0.71435)	(5.81263, 1.20582)	1.74571
本书方法	(5, 1)	(4.62408, 0.62122)	(5.39838, 1.31214)	1.03774

由表 2.1 的实验数据分析可知：在直线与 B 样条曲线分段点区间确定过程中，与分步重构法相比，本书方法规避了分段点区间确定过程中的人机交互行为，且大大缩小了分段点区间的范围；与不同领域窗口法相比，本书方法确定的区间长度也进一步缩小。通过实例分析可知本书分段点区间的确定方法有效且更加精确。

2.3　圆弧特征–自由特征分段点的区间确定及提取

前面介绍了直线–自由特征分段点区间的确定与提取，在针对圆弧特征–自由特征的研究中，赵伟玲[26]提出了散乱点云中圆的提取办法，对圆特征的边界提取问题做了详细阐述；刘云峰研究了包含直线、圆弧和自由曲线组成的截面特征曲线，并对其进行了整体优化重构；王英惠提出一种近似曲率法来识别平面轮廓的特征点，其方法解决了直线和圆弧的截面数据重构；张冉提出了一种对圆弧进行转化的方法，然后基于二分法搜索提取圆弧与 B 样条曲线的分段点，该方法在进行圆弧转换时，会出现因采样弧长不均匀而导致确定区间对应不准确的情况。

针对以上问题本章提出了一种圆弧与 B 样条曲线线性化的处理方法，解决了圆弧与 B 样条曲线分段点区间的确定问题，同时对分段点区间的确定及分段点提取进行了实例验证。

2.3.1 圆弧-自由曲线分段点区间的确定

1. 圆弧-自由曲线的线性化处理

首先利用改进的均值平滑方法，对圆弧与 B 样条曲线进行处理。现取一组含噪声的圆弧与 B 样条曲线的截面数据点列 $R^*=\{R_0^*,\cdots,R_n^*\}$，然后对这组数据进行均值平滑处理，得到的新数据点列为 $R=\{R_0,\cdots,R_n\}$。数据平滑后点列变化如图 2.12 所示。

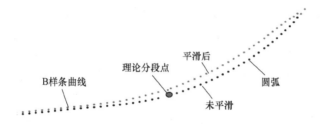

图 2.12　圆弧与 B 样条曲线均值平滑处理前后变化

由结果分析可知，在圆弧与 B 样条曲线的处理过程中出现的主要问题为：由于圆弧与 B 样条曲线在进行均值平滑处理时，不能使用上面提供的由拟合直线进行旋转的改进措施，因此在使用均值平滑处理时，就导致了圆弧与 B 样条曲线数据的整体偏移，分段点的位置也会因此发生变化，这样就不利于分段点所在区间的判断。

在观察直线与 B 样条曲线、圆弧与 B 样条曲线两组截面曲线的特征时，会发现直线与 B 样条曲线在使用均值平滑处理时，可以根据直线端数据所拟合的直线进行旋转，保证整体数据不偏移，从而达到均值平滑所要的目的。如果想利用该方法处理圆弧与 B 样条曲线，那么就需要对其进行转化处理。

由圆弧数据的特殊性质可知，在拟合圆上的所有数据点列到圆心的距离都等于半径。又知在截面数据点的拟合过程中，圆弧的拟合相对比较容易，故可以先根据确定为圆弧上的数据点拟合圆，然后分别计算各点到所拟合圆弧圆心的距离，如图 2.13（a）所示。这种方式就将圆弧上的点与 B 样条曲线上的数据点区分开来，圆弧上的点到圆心的距离在半径 R 上浮动，而 B 样条曲线上的点到圆心的距离在不断增加，然后将各点对应到圆心的距离反映到坐标系中，从而就将圆弧与样条的问题进行了线性化处理，如图 2.13（b）所示。

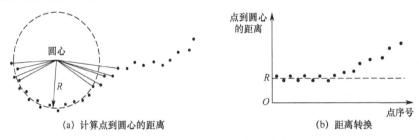

(a) 计算点到圆心的距离　　　　(b) 距离转换

图 2.13　圆弧与 B 样条曲线线性化

2. 圆弧-自由曲线分段点区间的确定

经过线性化处理后的圆弧与 B 样条曲线，结合上面基于数理统计原理的分段点区间确定法，就可以解决圆弧与 B 样条曲线区间确定的问题。首先，利用基于 3σ 原则的分段点区间右端点的确定方法，找到第一个跳出 $(\mu-3\sigma, \mu+3\sigma)$ 区间的点，即为分段点所在区间的右端点 P_{right}。然后，利用相关系数法确定分段点区间的左端点，将相关系数中第一个大于 0.5 的点对应的点作为区间的左端点，记为 P_{left}，如图 2.14 所示根据已确定区间端点的序号将其对应到圆弧与 B 样条曲线上，就确定了圆弧与 B 样条曲线分段点所在区间。最后，根据已确定的区间在圆弧与 B 样条曲线上提取最优分段点。

由于圆弧的参数表达式为多值函数，为保证特征间的 G^1 连续约束及算法的稳定性，这里将控制点 P_0 在圆弧特征上的搜索区间转化为弧度，设圆弧的圆心为 $O_c(x_c, y_c)$，定义点 $R_i(x_i, y_i)$ 在圆弧中的弧度为：

$$\mathrm{rad} = \begin{cases} \arctan\dfrac{y_i - y_c}{x_i - x_c}, & y_i - y_c \geqslant 0,\ x_i - x_c > 0 \\[2pt] \pi + \arctan\dfrac{y_i - y_c}{x_i - x_c}, & x_i - x_c < 0 \\[2pt] 2\pi + \arctan\dfrac{y_i - y_c}{x_i - x_c}, & y_i - y_c < 0,\ x_i - x_c > 0 \\[2pt] \dfrac{\pi}{2}, & y_i - y_c > 0,\ x_i - x_c = 0 \\[2pt] \dfrac{3\pi}{2}, & y_i - y_c < 0,\ x_i - x_c = 0 \end{cases} \quad (2\text{-}9)$$

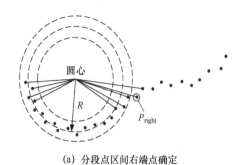 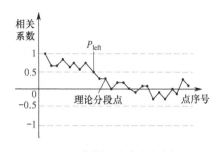

(a) 分段点区间右端点确定　　　　　(b) 分段点区间左端点确定

图 2.14　分段点区间确定

在动态找寻精确分段点的过程中，控制点 P_0 的弧度 rad 与坐标 (x_0,y_0) 满足如下关系：

$$\begin{cases} x_0 = R\cos(\mathrm{rad}) + x_c \\ y_0 = R\sin(\mathrm{rad}) + y_c \end{cases} \quad (2\text{-}10)$$

式中，$O_c(x_c,y_c)$ 为圆弧的圆心；R 为圆弧的半径。

2.3.2　实例分析

利用 UG NX 8.5 设计包含多种截面线的模型如图 2.8 所示，其中包含直线、圆弧和 B 样条曲线 3 种截面特征，加工得到的实际工件如图 2.9 所示。

取图 2.15 圆圈 B 内的圆弧与 B 样条曲线的数据，其理论分段点为 $P_{id}(3,2)$，利用圆弧段数据拟合圆，并计算各点到圆心的距离，圆弧与 B 样条曲线数据的放大图如图 2.16 所示。

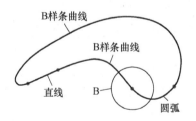 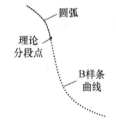

图 2.15　三坐标测量的全部点云数据　　图 2.16　圆弧段数据所拟合的圆

在分段点区间确定实例中，对目前截面数据重构常用的分步重构法、基于不同领域窗口法和本书的基于数理统计原理的分段点区间确定法进行了比较。首先对圆弧与 B 样条曲线进行线性化处理，处理结果如图 2.17（a）所示；然后利用本书方法确定分段点所在区间，确定的结果如图 2.17（b）所示；利用 3 种方法确定的区间对比放大图如图 2.17（c）所示。

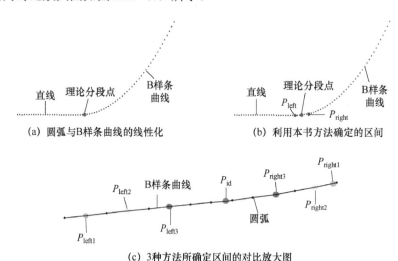

图 2.17　圆弧与 B 样条曲线分段点区间确定过程

分步重构法在圆弧与 B 样条曲线分段点区间确定过程中，同样需要根据离散曲率信息确定分段点所在区间，初步判定的区间左端点为 P_{left1}（0.63814，0.58136），右端点为 P_{right1}（5.12593，3.28471）；基于不同领域窗口法确定的区间左端点为 P_{left2}（1.15927，0.93825），右端点为 P_{right2}（4.69478，3.09735）；利用本书方法确定的分段点所在区间左端点为 P_{left3}（1.66029，1.29745），右端点为 P_{right3}（4.14783，2.89462）。3 种方法所确定的区间长度对比如表 2.2 所示。

表 2.2　圆弧与 B 样条曲线分段点区间确定方法比较

方法	曲线理论分段点 P_{id}	区间左端点 P_{left}	区间的右端点 P_{right}	区间长度/mm
分步重构法	(3, 2)	(0.63814, 0.58136)	(5.12593, 3.28471)	5.23911
不同领域窗口法	(3, 2)	(1.15927, 0.93825)	(4.69478, 3.09735)	4.14264
本书方法	(3, 2)	(1.66029, 1.29745)	(4.14783, 2.89462)	2.95614

由表 2.2 的实验数据分析可知：在圆弧与 B 样条曲线分段点区间确定过程中，分步重构法根据离散曲率信息确定的区间要比本书方法大得多，且区间长度会因每位工程师的经验不同而不同；通过实例验证本书方法要比不同领域窗口法进一步缩小了分段点区间的范围。

2.4 本章小结

针对直线-自由曲线分段点区间的提取,本章提出了基于改进均值平滑方法的截面数据处理方法:首先对截面数据进行有效平滑处理;其次提出基于数理统计原理的分段点区间确定方法,主要包括基于 3σ 原则分段点区间右端点的确定和基于相关系数方法区间左端点的确定;然后建立分段点的提取模型并对其进行求解。对于圆弧-自由曲线分段点区间的提取采用线性化处理方法。最后用实例验证了分段点的区间确定方法,实例效果证明本书方法可行有效。

第 3 章
利用二分搜索法提取精确的分段点

摘要：本章采用二分搜索法重构截面数据，研究了截面数据分段点的精确提取方法。首先，研究直线、圆弧的最小二乘拟合算法，以及基于误差控制的 B 样条曲线自适应拟合算法，并给出相应的表达式，在此基础上研究直线、圆弧分别与 B 样条曲线之间的 G^1 连续约束表达式。然后，基于 B 样条曲线拟合时具有的特性，提出两种截面数据分段点精确提取方法，一种是以 B 样条曲线逼近误差期望值为判定条件的二分搜索法，另一种是基于 B 样条曲线在边界处切矢方向与直线方向夹角信息，在合适阈值下的判断方法。结合实例，采用目前应用较多的分步重构法、整体重构法与本书的改进重构法对书中提出的两种搜索方法进行对比分析。分别从拟合曲线的逼近误差、截面轮廓特征分段点位置精度和整个截面轮廓线的重构质量进行比较分析，实例的分析结果表明，本书提出的方法是可行有效的。最后，本章给出在实际应用中基于截面轮廓线的逆向建模实例。

● 3.1 引言

目前截面数据分段精度不够准确，受噪声的影响又加上人工的参与，最终提取的分段点随机性较大。现有的一些截面数据分段方法都只是在现有的数据点中选择分段点进行数据分割，但因采样密度不同、数据缺失和噪声等因素的影响，实际的分段点一般不会正好是现有的数据点，而可能在某两个相邻的数据点之间。第 2 章介绍了分段点所在数据点区间的算法，确定了分段点所在的数据点范围。为了对截面数据进行精确分段，得到精确的分段点，本章将设计有效的搜索和判定算法，在得到的分段点区间内进一步搜索（包括区间内相邻数据点之间），以得到能更好反映初始设计意图的分段点。

在逆向工程 CAD 建模中对截面轮廓曲线重构质量的影响有：是否能准确识别出每段曲线的特征类型；在重构截面曲线时，相邻特征数据间分段点的位置精度；重构的轮廓线与对应点列间的拟合误差大小；相邻特征轮廓线间，边界连续性约束的准确性等。

在实际的二维截面数据逆向建模应用中，目前比较普遍的做法是交互式分步提取，根据实际离散数据的微分属性分析并辅以工程师的经验，提取截面数据的分段点，根据这些分段点对截面数据进行分割，使分割后的每段数据为单一特征数据，用分段拟合的方法从截面离散数据获取初始曲线特征：①对每段数据进行基于边界约束的重构；②对每段数据先拟合特征曲线，然后在曲线的边界处添加相应的约束。上述两种方法在重构截面曲线时，只是考虑了两方面因素，即重构的特征曲线与截面数据点间的逼近精度和边界处的连续性约束。上述方法即使都满足了这两种因素，倘若重构出的两相邻曲线特征单元间分段点位置有较大的偏差，那么基于该截面轮廓曲线最终重构出的三维 CAD 模型产品，虽然在精度和外观质量上能够达到要求，但会可能会影响原始模型的功能或力学性能。不满足原始设计意图的产品，其功能效用可能不会完全展现，甚至会大打折扣。

总之，在基于截面轮廓特征重构三维 CAD 模型的过程中，截面数据的精确分段，提取精确的分段点，是非常重要的一环。本章设计研究了两种搜索精确分段点的方法：基于二分搜索法，以样条曲线逼近误差期望值作为判断条件，搜索精确分段点；基于初次分段拟合法，以分段点附近重构样条曲线切矢方向与直线方向夹角信息作为判定条件，设置合适的阈值作为判断条件搜索精确分段点。

3.2 截面特征曲线的拟合模型及约束表达

截面轮廓线特征研究对象主要包括直线、圆弧和 B 样条曲线，同时，在进行截面轮廓线优化求解时，各类特征曲线和相邻曲线间的连续性约束需要表达为数学模型。简单合适的数学表达式能够提高模型求解效率。

3.2.1 基于最小二乘法的曲线拟合

在构建直线和圆弧的最小二乘法拟合数学模型时，参考 Pratt 提出的比较经典的代数距离拟合模型[27]，该模型中的最小二乘法拟合目标函数用"忠实距离"代替"几何距离"。这里，采用代数方程来表达直线和圆弧，采用 B 样条曲线模型来表达自由曲线。

1. 直线的表达及最小二乘法拟合目标函数

直线表达：
$$l_0 x + l_1 y + l_2 = 0 \tag{3-1}$$

式中，参数 l_0、l_1、l_2 满足约束条件 $l_0^2 + l_1^2 - 1 = 0$。

用这种表达式，数据点到拟合曲线的代数距离就是将点的坐标代入方程后的值，对 $m+1$ 个数据点 $p_j(0,\cdots,m)$ 进行最小二乘法拟合的目标函数就变得更简单了。

直线最小二乘法拟合目标函数：
$$\min \sum_{j=0}^{m} \left(l_0 x_j + l_1 y_j + l_2 \right)^2 \tag{3-2}$$

写成矩阵形式为：
$$f(\boldsymbol{X}) = \min \boldsymbol{X} \boldsymbol{M}_l \boldsymbol{X}^{\mathrm{T}} \tag{3-3}$$

式中，$\boldsymbol{X}$ 为直线的参数 (l_0, l_1, l_2)；$\boldsymbol{M}_l$ 为由数据点构成的直线分离矩阵，$\boldsymbol{M}_l = \sum_{j=0}^{m} \boldsymbol{D}^{\mathrm{T}} \boldsymbol{D}$，$\boldsymbol{D} = (x_j, y_j, 1)$，即：

$$\boldsymbol{M}_l = \sum_{j=0}^{m} \begin{bmatrix} x_j^2 & x_j y_j & x_j \\ x_j y_j & y_j^2 & y_j \\ x_j & y_j & 1 \end{bmatrix} \tag{3-4}$$

2. 圆（圆弧）的表达及最小二乘法拟合目标函数

圆弧表达：
$$a_0 \left(x^2 + y^2 \right) + a_1 x + a_2 y + a_3 = 0 \tag{3-5}$$

式中，参数 a_0、a_1、a_2、a_3 满足约束条件 $a_1^2 + a_2^2 - 4 a_0 a_3 - 1 = 0$。此时，圆弧的圆心为 $\left(-\dfrac{a_1}{2a_0}, \dfrac{a_2}{2a_0} \right)$，半径为 $\dfrac{1}{|2a_0|}$。

圆弧最小二乘法拟合目标函数：
$$\min \sum_{j=0}^{m} \left[a_0 \left(x_j^2 + y_j^2 \right) + a_1 x_j + a_2 y_j + a_3 \right]^2 \tag{3-6}$$

写成矩阵形式为：
$$f(\boldsymbol{X}) = \min \boldsymbol{X} \boldsymbol{M}_c \boldsymbol{X}^{\mathrm{T}} \tag{3-7}$$

式中，$\boldsymbol{X}$ 为圆弧的参数 (a_0, a_1, a_2, a_3)，$\boldsymbol{M}_c$ 为由数据点构成的圆弧分离矩阵，

$$M_c = \sum_{j=0}^{m} D^\mathrm{T} D, \quad D = \left[(x_j^2 + y_j^2), x_j, y_j, 1 \right], \quad 即:$$

$$M_c = \sum_{j=0}^{m} \begin{bmatrix} (x_j^2 + y_j^2)^2 & x_j(x_j^2 + y_j^2) & y_j(x_j^2 + y_j^2) & x_j^2 + y_j^2 \\ x_j(x_j^2 + y_j^2) & x_j^2 & x_j y_j & x_j \\ y_j(x_j^2 + y_j^2) & x_j y_j & y_j^2 & y_j \\ x_j^2 + y_j^2 & x_j & y_j & 1 \end{bmatrix} \quad (3\text{-}8)$$

3. B 样条曲线及最小二乘法拟合目标函数

B 样条曲线 $C(u)$ 定义为:

$$C(u) = \sum_{i=0}^{n} N_{i,k}(u) P_i \quad u_k \leqslant u \leqslant u_{n+1}, \quad n \geqslant k \quad (3\text{-}9)$$

式中，$N_{i,k}$ 是定义在节点矢量 $U = \{u_0, u_1, \cdots, u_k, \cdots, u_{n+1}, \cdots, u_{n+k+1}\}$ 上的 k 次 B 样条曲线基函数，$P_i(i=0,1,\cdots,n)$ 是控制顶点。在曲线拟合中，首末节点取 $k+1$ 重。由于 B 样条曲线能达到 $n-1$ 阶连续，而在实际工程应用中，2 阶连续曲线能很好地解决工程问题，高于 3 次的 B 样条曲线，由于计算过于复杂且也不一定适合一般工程的应用，用得较少。本书采用的是 3 次 B 样条曲线，即 k 为 3 次。

B 样条曲线拟合，需要在给定控制顶点数下进行，而该拟合算法是 B 样条曲线拟合的一个基础算法。以数据点 p_j 到目标曲线 $C(u)$ 距离的平方和最小作为目标函数[28,29]，最小二乘法的求解过程如下:

$$J_s(X) = \sum_{j=0}^{m} \left(\mathrm{dist}\left(C(u_j) - p_j\right) \right)^2 = \sum_{j=0}^{m} \left[\sum_{i=0}^{n} N_{i,k}(u_j) P_i - p_j \right]^2 = X^\mathrm{T} A X + B X + C$$

$$(3\text{-}10)$$

式中，$X = \left[P_{0x}, P_{0y}, \cdots, P_{nx}, P_{ny} \right]^2$, $A = DD^\mathrm{T}$,

$$D = \begin{pmatrix} N_{0,k}(u_0) & 0 & N_{1,k}(u_0) & 0 & \cdots & N_{n-1,k}(u_0) & 0 & N_{n,k}(u_0) & 0 \\ 0 & N_{0,k}(u_0) & 0 & N_{1,k}(u_0) & \cdots & 0 & N_{n-1,k}(u_0) & 0 & N_{n,k}(u_0) \\ \vdots & \vdots & \vdots & \vdots & \ddots & \vdots & \vdots & \vdots & \vdots \\ N_{0,k}(u_m) & 0 & N_{1,k}(u_m) & 0 & \cdots & N_{n-1,k}(u_m) & 0 & N_{n,k}(u_m) & 0 \\ 0 & N_{0,k}(u_m) & 0 & N_{1,k}(u_m) & \cdots & 0 & N_{n-1,k}(u_m) & 0 & N_{n,k}(u_m) \end{pmatrix},$$

$B = -2\left[\sum N_0 p_x, \sum N_0 p_y, \cdots, \sum N_{n-1} p_x, \sum N_n p_y \right]$,

$$C = \sum_{j=0}^{m} \boldsymbol{p}_j \boldsymbol{p}_j = \sum_{j=0}^{m} \left(p_{jx} p_{jx} + p_{jy} p_{jy} \right),$$

$$\sum N_l \boldsymbol{p}_x = \sum_{j=0}^{m} \left[N_{l,l}(u_j) p_{jx} \right],$$

$$\sum N_l \boldsymbol{p}_y = \sum_{j=0}^{m} \left[N_{l,l}(u_j) p_{jy} \right].$$

在利用式（3-10）进行 B 样条曲线拟合时，其中很关键的一点是如何确定出控制顶点的个数和节点矢量。一般控制顶点个数应少于要拟合的数据点个数才有意义。为确定拟合曲线的节点矢量，需要先利用累加弦长法对截面数据点列进行参数化，以确定每个数据点 $\boldsymbol{p}_j$ 对应的参数值 $\bar{u}_j$，然后根据所有数据点的参数用式（3-11）确定 B 样条曲线的节点矢量：

$$u_i = \begin{cases} 0 & i = 0, \cdots, k \\ (1-\alpha)\bar{u}_{t-1} + \alpha \bar{u}_t & i = k+1, \cdots, n \\ 1 & i = n+1, \cdots, n+k+1 \end{cases} \quad (3\text{-}11)$$

式中，$t = \mathrm{int}((j-k)c)$，$c = \dfrac{m+1}{n-k+1}$，$\alpha = (j-k)c - t$，c 为一正实数，$t = \mathrm{int}(c)$ 表示 $t \leq c$ 的最大整数。通过式（3-11）决定的节点值保证每个节点区间内至少包含一个 $\bar{u}_j$，防止系统出现奇异的情况。

但是在给定具体控制顶点个数的情况下进行 B 样条曲线拟合，得到的曲线一般不是最优曲线，因为控制点个数会直接影响拟合曲线的形状和质量。Park 等人给出了一种根据误差判断的自适应最佳控制顶点计算方法[30]，该方法可以得到既满足误差要求又满足最少控制顶点的 B 样条曲线。该优化算法具体步骤如下：

Step1：用累加弦长参数化方法计算所有数据点对应的参数。

Step2：根据拟合 B 样条曲线的次数 k 和截面数据点的个数 $m+1$，确定控制顶点个数的上限 $N_{\mathrm{upper}} = m + 3$ 和下限 $N_{\mathrm{low}} = k + 1$，并将当前的控制顶点个数取为 $N_{\mathrm{now}} = \dfrac{N_{\mathrm{upper}} + N_{\mathrm{low}}}{2}$。

Step3：用式（3-11）计算 B 样条曲线的节点矢量 U_{now}，然后利用式（3-10）对数据点进行曲线拟合。

Step4：根据拟合曲线 $C(u)$ 用下式对数据点对应的参数进行调整

$$\bar{u}_j^{\text{new}} = \frac{\bar{u}_j + \left[\boldsymbol{p}_j - C(\bar{u}_j)\right]\dot{C}(\bar{u}_j)}{\dot{C}(\bar{u}_j)\dot{C}(\bar{u}_j)}$$

式中，$j=1,\cdots,m-1$，$\dot{C}(\bar{u}_j)$ 是 $C(\bar{u}_j)$ 的一阶导数。

Step5：计算拟合误差，如果满足预先给定的误差限，将控制顶点个数的上限调整为 $N_{\text{upper}}=N_{\text{now}}$，下限不变；否则将控制顶点的下限调整为 $N_{\text{low}}=N_{\text{now}}$，上限不变。如果 $N_{\text{upper}}-N_{\text{low}}=1$，输出曲线，否则转到 Step3。

图 3.1 给出了一个 B 样条曲线在不同给定最大允许误差时自适应拟合的实例，可以看到，随着误差的增大，曲线的控制顶点个数也相应减少。

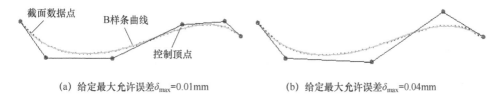

(a) 给定最大允许误差$\delta_{\max}$=0.01mm   (b) 给定最大允许误差$\delta_{\max}$=0.04mm

图 3.1 误差控制下的 B 样条曲线拟合

3.2.2 截面相邻特征曲线间 G^1 连续约束表达

本书研究的是截面相邻特征数据分别为直线与 B 样条曲线相邻时和圆弧与 B 样条曲线相邻时，满足 G^1 连续相切约束下的情况。

1. 直线 L 与 B 样条曲线的相切约束

（1）B 样条曲线的端点 P_0 或 P_n 在直线上。

$$l_0 P_{0x} + l_1 P_{0y} + l_2 = 0 \text{ 或 } l_0 P_{nx} + l_1 P_{ny} + l_2 = 0 \tag{3-12}$$

（2）B 样条曲线的端切矢与直线的法矢垂直。

$$l_0(P_{1x} - P_{0x}) + l_1(P_{1y} - P_{0y}) = 0 \text{ 或 } l_0(P_{nx} - P_{(n-1)x}) + l_1(P_{ny} - P_{(n-1)y}) = 0$$

$$\tag{3-13}$$

2. 圆弧 A 与 B 样条曲线的相切约束

（1）B 样条曲线的端点 P_0 或 P_n 在圆上。

$$a_0(P_{0x}^2 + P_{0y}^2) + a_1 P_{0x} + a_2 P_{0y} + a_3 = 0 \tag{3-14a}$$

或

$$a_0(P_{nx}^2 + P_{ny}^2) + a_1 P_{nx} + a_2 P_{ny} + a_3 = 0 \tag{3-14b}$$

（2）B 样条曲线的端切矢与圆弧在该点处的法矢垂直。

$$(2a_0P_{0x}+a_1)(P_{1x}-P_{0x})+(2a_0P_{0y}+a_2)(P_{1y}-P_{0y})=0 \quad (3\text{-}15)$$

由以上约束模型可以看到，直线与 B 样条曲线间的相切约束为线性约束，而圆弧与 B 样条曲线间的相切约束为非线性约束。当截面数据中存在圆弧与 B 样条曲线相切的连续约束时，如果直接基于非线性约束模型进行分段点和轮廓曲线的共同求解，求解过程将变得非常复杂，在效率和精度方面都会受到影响。但是，若能分步求解未知量，即先求出分段点的准确位置，再基于该分段点和该分段点处的相切约束求解轮廓曲线，那么问题将变得简单化，使非线性约束问题线性化。从这个方面考虑，也说明整体重构法[31]很难得到精确的分段点，并且求解过程复杂，所以先分步求解出精确的分段点很有必要。

3.3 利用二分搜索法提取精确的分段点

目前的截面曲线分步重构法和整体重构法在便捷、效率和精度上各有优劣，结合两种方法的优点，设计合适、高效的搜索方法和判定条件，以使得到的分段点更加贴近符合初始设计者的意图。

研究对象为直线-自由特征相邻时和圆弧-自由特征相邻时分段点的精确提取；由第 2 章研究内容可知，圆弧-自由特征相邻的情况可转换为直线-自由特征相邻的情况，所以在设计方法求取精确的分段点时可以重点研究直线-自由特征相邻的情况。

3.3.1 直线特征与自由特征间分段点的提取

首先，在确定分段点区间 S 的两个端点后，以端点 P_l 作为边界点，提取直线特征数据并拟合直线；然后，同样以端点 P_b 作为边界点，提取自由特征点列，并基于与相邻直线的 G^1 连续约束拟合 B 样条曲线；最后，在区间 S 内利用二分搜索法迭代样条曲线的首个控制点 P_0，并计算数据点到拟合 B 样条曲线的逼近误差及其逼近误差期望值，以该期望值趋于 0 时对应 B 样条曲线的首个控制点作为截面数据分割的最终分段点。

由于所采用的数据相对理论值符合正态分布，在无任何约束条件的情况下，利用最小二乘法拟合得到 B 样条曲线，因此所有数据点对该拟合曲线的逼近误差应服从期望为 μ、方差为 σ^2 的正态分布 $X\sim N(\mu,\sigma^2)$，其中，期望 μ 应趋于 0。

实际上不管采用的数据是否符合正态分布，利用最小二乘法拟合曲线，数据点到曲线的误差累计之和应为 0，下面给出证明。

证明：

假设测量数据点为 $p_0, p_1, \cdots, p_m$，拟合曲线为 l，逼近误差为 $e_0, e_1, \cdots, e_m$，按最小二乘法，误差平方和为：

$$f(l) = \sum_{i=0}^{m} e_i^2 = \sum_{i=0}^{m} (p_i - l)^2 \tag{3-16}$$

对 $f(l)$ 求导应有：

$$f'(l) = 2\sum_{i=0}^{m}(p_i - l) = 2\sum_{i=0}^{m} e_i = 0 \tag{3-17}$$

故可证得：

数据点到最小二乘法拟合直线累计误差之和为 0，并且误差期望为：

$$\mu = \bar{e} = \frac{1}{m+1}\sum_{i=0}^{m} e_i = 0 \tag{3-18}$$

由于重构的截面曲线需要在分段点处满足 G^1 连续约束条件，而在有约束条件的情况下拟合所得的 B 样条曲线，若是提取的分段点不够精确，那么会导致一部分数据点偏向拟合曲线的一侧，如图 3.2（a）所示，从而使自由曲线逼近误差的期望值 $\mu>0$ 或 $\mu<0$。这里分析得出：在基于 G^1 连续约束条件拟合 B 样条曲线时，提取精确的分段点是保证自由曲线逼近误差期望 μ 趋于 0 的必要条件。可以看出，这是一个求解零点近似值的问题，可以利用二分搜索法逐步迭代缩小区间来求解。如图 3.2 所示为利用二分搜索法在确定的区间内搜索精确分段点，图 3.2（b）中纵坐标为逼近误差期望 μ，横坐标表示直线方向上各点之间的距离。下面通过迭代 B 样条曲线的首个控制点 P_0，使逼近误差期望 μ 逐步靠近，并最终满足趋于 0 时为迭代终止判定条件，来得到对截面数据分割的最终分段点。此处的搜索区间 S 位于直线上，区间的两个端点 P_1 和 P_b 现在转化为对应原数据点在直线上的投影点。二分搜索法具体求解过程如下。

Step1：确定出搜索区间 S 为 $[P_1, P_b]$，以端点 P_b 为边界点提取自由特征数据，并基于边界 G^1 连续约束条件拟合 B 样条曲线，得到初始控制点，首个控制点为 P_0，此时对应逼近误差期望 μ_b。

Step2：迭代 P_0，使 P_0 插值于区间 S 的另一端点 P_1，计算得到此时对应的逼近误差期望 μ_1。

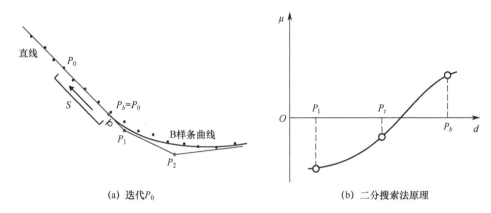

(a) 迭代 P_0　　　　　　　　(b) 二分搜索法原理

图 3.2　利用二分搜索法在区间 S 内搜索精确分段点

Step3：求区间 S 的中点 $P_t = \frac{1}{2}(P_1 + P_b)$，迭代 P_0，使 P_0 插值于 P_t，计算得此时对应的逼近误差期望 μ_t。

Step4：计算区间半长度 $|P_t - P_b|$，若小于给定阈值 d_t，则最终的分段点为 P_t；否则转 Step5。

Step5：若 μ_t 与 μ_1 正负号相同则取 $[P_t, P_b]$ 为新的搜索区间，否则取 $[P_1, P_t]$，转 Step3。

上述算法在 Step3 中迭代 P_0 时采用不同的 B 样条曲线生成算法，该算法需要对数据点进行重新参数化，节点矢量亦是如此，非重新生成，而是相对变动，变动量取决于 P_0 每次迭代的步距。由于这里假设 P_0 插值于第一个数据点，即迭代 P_0 的同时，第一个数据点也随之变化，而该数据点的参数对应节点矢量的零值，所以内部数据点参数和节点也会发生相应变化，那么新生成的曲线相对于原曲线拟合效果的变化是沿着节点增大方向逐渐减弱。设 B 样条点列 $I_b = \{p_0, p_1, \cdots, p_m\}$，首个控制点 P_0 变化时的 B 样条曲线生成算法如下：

Step1：赋初值 $P_0 = p_0$，因 P_0 的变化，使内部数据点参数变化量为 $u_d = \frac{|P_0 - p_0|}{L}$。

其中，$L = \sum_{i=1}^{m} |p_i - p_{i-1}|$。

Step2：内部数据点的参数和内节点变为 $v_i = \frac{v_i + u_d}{1 + u_d}$，$u_j = \frac{u_j + u_d}{1 + u_d}$，（$i = 1, 2, \cdots, m-1$；$j = 4, 5, \cdots, n$）。

Step3：在新的数据点参数和节点下，应用德布尔算法反算出其控制点，然后利用式（3-9）得出 B 样条曲线。

3.3.2　圆弧特征与自由特征间分段点的提取

对于截面数据为直线特征与自由特征相邻时，上述方法得到的分段点为最终分段点。对于原数据为圆弧特征与自由特征相邻时，仍然利用直线化后的数据，然后同样利用上述方法得到分段点，但此分段点非最终分段点，还需要将其还原到原数据中，最终方可基于该分段点和该分段点处的连续约束进行截面数据重构。

假设圆弧特征与自由特征相邻时的原数据为 $I=\{p_0,\cdots,p_m\}$，直线化处理后相应的数据为 $\overline{I}=\{\overline{p}_0,\cdots,\overline{p}_m\}$，分段点 $\overline{p}_p(s_p,0)$ 所在数据区间 $(\overline{p}_k,\overline{p}_{k+1})$ 对应原数据分段点 p_p 及所在区间 (p_k,p_{k+1})，那么原数据分段点 p_p 对应的弧度为：

$$\mathrm{rad}_p = \frac{\mathrm{rad}_{k+1} - \mathrm{rad}_k}{s_{k+1}-s_k}(s_p - s_k) + \mathrm{rad}_k,\ k<m \tag{3-19}$$

原数据分段点 $p_p(x_p,y_p)$ 的坐标为

$$\begin{cases} x_p = x_a + R\cos(\mathrm{rad}_p) \\ y_p = y_a + R\sin(\mathrm{rad}_p) \end{cases} \tag{3-20}$$

3.4　基于边界处曲线切矢方向信息搜索精确分段点

利用 B 样条曲线能够精确表达直线，但用 B 样条曲线拟合含部分直线离散点的过程，需要通过增加和移动控制顶点来逼近数据点，为满足给定拟合精度并保证边界约束，移动后的控制顶点仍需保持特定的约束关系，而这是困难的；另外，在直线点列部分的拟合曲线表现为振荡形状，在边界处的拟合质量较差，不能反映初始设计意图。总结分析 B 样条曲线边界处的切矢信息，结果是可以利用其边界处的切矢信息找出距离理论切点较近的分段点。

根据直线的方向与初始分段处自由曲线切矢方向信息，为找到更为精确的分段点，可通过分析初始拟合的直线斜率与边界处自由曲线切线的斜率相关性即它们的夹角变化，设定判断方法与合适的修正值，便可以找到更为接近理论切点的分段点 P_{re}。

3.4.1　现象分析及方法确定

以初始分段点 P_{in} 为边界点拟合的 B 样条曲线，在给定拟合精度情况下，分

析其边界附近切线的斜率,可知靠近直线部分的斜率呈振荡变化,如图 3.3 所示。

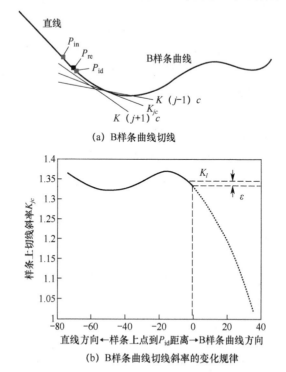

(a) B 样条曲线切线

(b) B 样条曲线切线斜率的变化规律

图 3.3 靠近直线部分的 B 样条曲线切线斜率变化情况

B 样条曲线切矢为:

$$C'(u) = \sum_{i=0}^{n} N'_{i,k} P_i = \sum_{i=0}^{n-1} N_{i+1,k-1}(u) O_i \quad (3-21)$$

式中,$O_i = k \dfrac{P_{i+1} - P_i}{u_{i+k+1} - u_{i+1}}$,则 B 样条曲线切线斜率为($u = u_j$):

$$K_{jc} = \dfrac{C'(u_j)_y}{C'(u_j)_x}, \quad j = 0,1,2,\cdots,t,\ t < n \quad (3-22)$$

直线斜率为:

$$K_l = -\dfrac{l_0}{l_1} \quad (3-23)$$

迭代计算 B 样条曲线切线斜率与直线斜率之差 $|K_l - K_{jc}|$:
Step1:交互指定节点矢量初始值 $u_0 = u_a$,$j = 0$。

Step2：设置迭代步长 h，$u_{i+1}=u_i+h$。

Step3：终止条件，当 $|K_l-K_{jc}|\leqslant\varepsilon$ 结束，其中 ε 为斜率误差修正值。

3.4.2 斜率误差修正值的确定

由于曲线存在拟合误差，B 样条曲线本身的内在性质及边界处曲率变化程度不同等因素影响，利用上述方法得到的切点，根据不同情况其切点误差并不总是能满足要求。但是，通过利用多组不同的数据，在不同条件下进行多次实验，分析其结果发现，其误差变化是有一定规律的，所以可以加入斜率误差修正值 ε[见图 3.3（b）]来提高分段点的提取精度。通过分析各组数据点的差异可以预测假设，影响斜率误差修正值 ε 的可能因素有以下 3 种。

（1）同组数据点，初始分段点位置不同。

（2）不同数据点（边界曲率变化不同）。

（3）离散数据点数量不同。

通过分析多组数据多次实验结果，可以总结出：同组数据点取不同初始分段点对应各自斜率误差修正值的均值，那么不同数据点（边界曲率变化不同）时分别对应各自斜率误差修正值的均值，由此得出不同边界曲率变化与斜率误差修正值的关系。

边界处曲率变化程度评价方法：由直线离散点到样条离散点过渡时曲率肯定会发生突变，那么其变化时平缓程度的大小用 r 表示，称其为边界平缓度，其取值为大于 0。设定一边界曲率平缓度阈值为 T，意义为在一定的采样密度下，在曲率突变对应的离散点之后，边界曲率阈值 T 内的数据点越多，边界过渡越平缓，数据点越少，边界过渡越急促，如图 3.4 所示。相应的平缓度 r 表达式为 $r=n\rho$，其中 n 为阈值内数据点的个数，ρ 为采样平均密度。

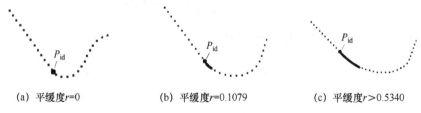

(a) 平缓度 $r=0$ (b) 平缓度 $r=0.1079$ (c) 平缓度 $r>0.5340$

图 3.4　不同的边界平缓度（粗线）

通过实验得出平缓度 r 和误差修正值 ε 的关系，如表 3.1 所示。

表 3.1　斜率误差修正值与平缓度的关系

r	0	0~0.1079	0.1079~0.5340	>0.5340
ε	0.25	0.15	0.08	0.04 或 0

当 $r>0.5340$ 时，边界处过渡非常平缓，如图 3.4（c）所示，如此在边界处 B 样条曲线切矢方向上接近直线方向的点的范围将增大，这将对初始分段点的位置产生明显影响，不可忽略。利用上述方法寻找切点的困难增加。但在实验过程中发现，可根据初始分段点的具体位置来相应调整斜率误差修正值 ε 便可解决此问题。提取的初始分段点 P_{in}，如果取比较靠近理论切点 P_{id}（$s_{in}<0.288$mm，其中 s_{in} 为 P_{in} 到 P_{id} 的距离），那么 ε 取 0，如果比较远离 P_{id}（$s_{in} \geqslant 0.288$mm），那么 ε 取 0.04。根据表 3.1 中边界处曲率变化所取的相应的斜率误差修正值，实验结果表明，切点误差皆可保证在 0.05mm 内。关于距离 s_{in} 的估计，因为实际中在处理扫描数据点时是不可能知道所谓的理论切点的，而根据离散点曲率提取的分段点，可使切点误差在两倍采样密度范围内。在估计距离 s_{in} 时，可使用该分段点当作理论切点。

当边界曲率不变，离散数据点数量不同时，经过实验与分析可知，影响分段点精度的是边界条件是否变化，即两相邻特征在边界处的过渡情况，而与自由特征数据点的个数无关。

3.5　截面数据优化重构模型及误差分析

截面轮廓曲线特征分为直线、圆弧和自由曲线，本书研究的截面轮廓数据优化重构思路是优先重构基础曲线（直线和圆弧），然后设计方法寻求基础曲线与自由曲线间精确的分段点，最后基于已知基础特征曲线的数学表达和边界 G^1 连续约束表达，以及求解出的精确分段点基础上，可以方便地构建出截面上自由特征数据的约束优化重构数学模型，实现整个截面数据的完整重构。

3.5.1　数学模型的建立与求解

（1）用 $C_i(i=1,2,\cdots,t)$ 表示截面数据中第 i 段自由特征数据对应的目标曲线，点 p_{ij} 表示第 i 段数据段中的第 j 个测量数据点（$j=1,2,\cdots,m$），测量数据点 p_{ij} 到目标曲线 C_i 的距离为 $d(p_{ij},C_i)$。

（2）t 段 B 样条曲线的 s 维矢量用 $X=[x_1,x_2,\cdots,x_s]$ 表示，X 是这 t 段 B 样条曲线所有参数的集合。

(3) 与 B 样条曲线 C_i 相邻的直线段表示为 L_i，与直线之间的分段点为 p_{Li}；相邻的圆弧段表示为 A_i，与圆弧之间的分段点为 p_{Ai}，在该分段点处的切线表示为 L_{Ai}。

(4) B 样条曲线与相邻各曲线段之间满足的 G^1 连续约束集为 $V_k(X)=0$，$k=0,1,\cdots,l$，具体表达为：

$$\begin{cases} P_0 - p_{p0} = 0 \\ d(P_1 - L_{p0}) = 0 \end{cases} 和 \begin{cases} P_n - p_{pn} = 0 \\ d(P_{n-1} - L_{pn}) = 0 \end{cases} \quad (3\text{-}24)$$

式中，P_0、P_n 表示 B 样条曲线的首末控制顶点，p_{p0}、p_{pn} 表示 B 样条曲线首末分段点，L_{p0}、L_{pn} 表示与 B 样条曲线相邻的直线或圆弧在分段点处的切线。

则约束优化重构模型可以表达如下：

$$\begin{cases} \min J_s(X) = \min \sum_{i=1}^{t}\sum_{j=1}^{m} d(p_{ij}, C_i)^2 \\ \text{s.t.} \ V_k(X) = HX - b = 0 \ (k=0,1,\cdots,l) \end{cases} \quad (3\text{-}25)$$

上述约束模型为线性约束，标准的解法是采用拉格朗日乘子法，其基本思想是引入 l 个额外的未知量 λ（拉格朗日乘子），最后得到一个系数矩阵为 ($s+l$) 阶分块矩阵的线性方程组。从这个方程组首先得到 l 个 λ 的阶，然后得到 s 个 X 的解。设 $M=[\lambda]$ 是由拉格朗日乘子组成的矢量。应用拉格朗日乘子法，可得增广函数为：

$$F(X) = X^T AX + BX + C + M^T(HX - b) \quad (3\text{-}26)$$

分别对 X 和 M 求导，并令其等于零，得：

$$\begin{cases} AX + H^T M = -B^T \\ HX = b \end{cases} \quad (3\text{-}27)$$

可化成如下形式的线性代数方程组：

$$\begin{bmatrix} A & H^T \\ H & 0 \end{bmatrix} \begin{bmatrix} X \\ M \end{bmatrix} = \begin{bmatrix} -B^T \\ b \end{bmatrix} \quad (3\text{-}28)$$

可解得方程的解 X。

3.5.2 曲线逼近误差分析

基于分步重构和基于精确分段点的约束优化重构得到的截面轮廓曲线，在曲线间的分段点位置精度和连续性约束方面要满足初始设计意图，同时截面离散数据点与拟合曲线间的逼近误差也要达到最小。因此评价优化重构结果曲线的质量时也要分析这方面的误差。

直线、圆弧和 B 样条曲线与截面数据点间的逼近误差计算的基本方法是计算离散数据点到拟合曲线的距离。平均距离和最大距离是评价重构曲线质量的主要指标，尤其是所有数据段的数据点与相应曲线段间的平均距离可以充分反映曲线与数据点之间的逼近程度。采用 3.2.1 节的表达方式后，可以用点到曲线的代数距离来代替几何距离，因此计算点到这两种曲线的距离，其过程比较简单，而计算点到 B 样条曲线间的距离需要用到投影点迭代法，其过程相对比较复杂。

设截面上的 $m+1$ 个数据点 $\{p_k(x_k,y_k)|k=0,1,\cdots,m\}$，其对应的优化曲线段中包含直线、圆弧和 B 样条曲线，下面分别给出它们的逼近误差计算公式。

（1）直线。设截面特征曲线组中的 i 段为直线段 $L_i(l_0,l_1,l_2)$，其对应的数据点列为 $\{p_{ik}(x_{ik},y_{ik})|k=k_1,\cdots,k_t\}$，则其逼近误差为：

$$L_{i\_error} = \frac{1}{(k_t-k_1+1)}\sum_{k=k_1}^{k_t}|l_0 x_{ik}+l_1 y_{ik}+l_2| \qquad (3\text{-}29)$$

（2）圆弧。设截面特征曲线组中的 i 段为圆弧段 $A_i(a_0,a_1,a_2,a_3)$，其对应的数据点列为 $\{p_{ik}(x_{ik},y_{ik})|k=k_1,\cdots,k_t\}$，则其逼近误差为：

$$A_{i\_error} = \frac{1}{(k_t-k_1+1)}\sum_{k=k_1}^{k_t}|a_0(x_{ik}^2+y_{ik}^2)+a_1 x_{ik}+a_2 y_{ik}+a_3| \qquad (3\text{-}30)$$

（3）B 样条曲线。设截面特征曲线组中的 i 段为 B 样条曲线 C_i，其对应的数据点列为 $\{p_{ik}(x_{ik},y_{ik})|k=k_1,\cdots,k_t\}$，首先需要计算数据点列到 B 样条曲线的投影点，这里利用牛顿迭代法来计算投影点[29]，设经过投影计算后得到的数据点列在 B 样条曲线上的投影点为 $\{p'_{ik}(x'_{ik},y'_{ik})|k=k_1,\cdots,k_t\}$，则其逼近误差为：

$$C_{i\_error} = \frac{1}{(k_t-k_1+1)}\sum_{k=k_1}^{k_t}|p'_{ik}-p_{ik}| \qquad (3\text{-}31)$$

3.6 实例分析

为进一步验证提出的截面数据精确分段及重构方法，下面给出两个实例针对书中提出的两种方法分别与现有方法进行对比。每个实例中都分别含有模拟数据和实际测量数据验证。

3.6.1 实例1：依据边界切矢方向搜索法

1. 模拟数据

本实例利用 UG NX 8.5 对理论截面曲线进行离散化，得到理论离散数据点。

下面采用的数据有两组：一组是纯理论数据；另一组是在理论数据中加入高斯噪声的模拟数据。

给出两种重构方法进行比较分析：刘云峰[31]的整体重构法和本书依据边界切矢方向信息搜索的改进重构法。这里主要进行对比分析的内容有：初始分段点 P_{in} 到理论分段点 P_{id} 的距离 s_{in}，重构完成后的实际分段点 P_{re} 到理论分段点 P_{id} 的距离 s_{re}，重构结果 B 样条曲线所有数据点的平均距离误差 E_{ave} 和最大距离误差 E_{max}。图 3.5 为理论离散数据重构，其中图 3.5（a）中的数据点个数为 62 个，采样平均密度为 0.1mm，边界平缓度 r 为 0.3，理论分段点 P_{id} 为（2.2000，2.2000）；图 3.6 为加入 8μm 高斯噪声的离散数据重构；图 3.5（c）和图 3.6（c）中由整体重构法拟合的 C_1 样条曲线初始分段点为 P_{in}^1，实际分段点为 P_{re}^1；由改进重构法拟合的 C_2 样条曲线初始分段点为 P_{in}^2，实际分段点为 P_{re}^2。

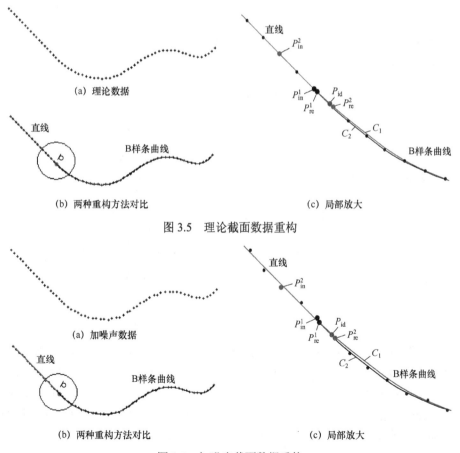

图 3.5 理论截面数据重构

图 3.6 加噪声截面数据重构

分析表 3.2 与表 3.3 中各数据对比结果，第一，对于初始分段点 P_{in} 的提取，两种方法都需要在重构前指定，在本书改进重构法中 P_{in} 只是作为直线拟合的边界点而不过于要求靠近理论分段点，事实上不管采用什么方法不可能一次就能提取到理论分段点；而在整体重构法中 P_{in} 作为整体迭代的初值，此时初值的选择对最终分段点的精度有较大影响。第二，对比实际分段点到理论分段点的距离 s_{re}，本书改进重构法的精度要高很多。第三，从 B 样条曲线拟合的逼近误差角度分析，由于提高了分段点精度，自由曲线的逼近误差也有一定程度的减小。第四，在算法复杂度与效率上，整体重构法通过双重迭代（整体迭代和 B 样条曲线自身拟合的迭代）得到整体优化的截面特征，在这个过程中每次迭代 B 样条曲线都需要重新拟合，而且其本身的拟合算法也涉及迭代，算法已经比较复杂了；本书改进重构法是先拟合 B 样条曲线，然后通过迭代搜索找到精确分段点，最后再基于边界约束条件重新拟合 B 样条曲线，该过程中的迭代只涉及 B 样条曲线的切矢计算，且整个过程只需要拟合两次 B 样条曲线，显然该算法的复杂度比前者小。

表 3.2 理论截面数据重构结果误差分析 （单位：mm）

理论数据	P_{in}	P_{re}	P_{id}	s_{in}	s_{re}	E_{ave}	E_{max}
整体重构法	(2.1401, 2.1401)	(2.1399, 2.1404)	(2.2000, 2.2000)	0.0846	0.0846	0.0078	0.0207
改进重构法	(1.9977, 1.9977)	(2.2203, 2.2203)	(2.2000, 2.2000)	0.2861	0.0287	0.0037	0.0069

表 3.3 加噪声截面数据重构结果误差分析 （单位：mm）

加噪数据	P_{in}	P_{re}	P_{id}	s_{in}	s_{re}	E_{ave}	E_{max}
整体重构法	(2.1445, 2.1325)	(2.1388, 2.1380)	(2.2000, 2.2000)	0.0874	0.0871	0.0069	0.0234
改进重构法	(1.9948, 2.0044)	(2.2214, 2.2281)	(2.2000, 2.2000)	0.2835	0.0353	0.0066	0.0168

2. 实际测量数据

本组数据针对实际加工的产品模型[见图 3.7（a）]，利用三坐标测量机测量得到包含直线特征与自由特征的截面数据，并且已知理论 CAD 模型（已知理论分段点位置）。图 3.7（b）中的截面数据点个数为 145 个，采样平均密度为 0.3mm，根据离散曲率法提取初始分段点 P_{in}。图 3.7（c）为利用改进重构法和整体重构法得到的最终分段点与重构结果。表 3.4 为两种方法的重构结果误差分析。

(a) 实际加工的产品模型

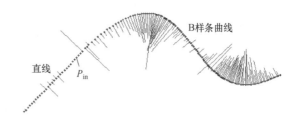
(b) 截面数据中初始分段点的提取

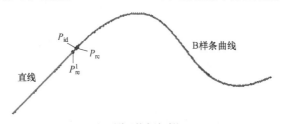
(c) 两种重构方法对比

图 3.7　实际测量数据重构

表 3.4　实际测量数据重构结果误差分析　　　（单位：mm）

实测数据	P_{in}	P_{re}	P_{id}	s_{in}	s_{re}	E_{ave}	E_{max}
整体重构法	(9.5934, 14.5552)	(9.5856, 14.5627)	(10.0000, 15.0000)	0.6027	0.6024	0.0654	0.1617
改进重构法	(8.9693, 13.9324)	(10.3307, 15.2902)	(10.0000, 15.0000)	1.4840	0.4399	0.0592	0.1575

综合模拟数据与实际测量数据分析，改进重构法在提取分段点精度上有明显提高，进而改善了整个截面的重构质量。因整体重构法重点在于保证截面曲线在分段点处满足边界相切约束条件，而不过多追求分段点与理论切点的逼近程度，为此牺牲了整体曲线的逼近精度；而改进重构法在得到比较精确的分段点之后基于边界约束重新拟合自由曲线，在严格保证截面曲线在分段点处满足边界相切约束条件的同时，保证分段点更加接近理论值，因此整个截面线的重构结果更加符合初始的设计意图。

3.6.2　实例2：二分搜索法

1. 模拟数据

本实例所用数据为在理论数据中加入高斯噪声后的带噪，且已知理论分段点的截面模拟数据。本节采用 3 种重构方法来进行比较分析：方法 1 为目前在实际逆向建模过程中最常用的分步重构法；方法 2 浙江大学刘云峰[31]提出的整体重构法；方法 3 为本书提出的二分搜索改进重构法。这里主要对比的内容有：

反映截面数据分段精度的实际分段点 P_{re} 与理论分段点 P_{id} 的距离误差 E_d；评价截面数据重构逼近精度的平均距离误差 E_{ave} 和最大距离误差 E_{max}；B 样条曲线的控制点个数为 $n+1$ 个。

在对截面数据重构开始时，分步重构法与整体重构法需要交互提取所有相邻特征间的初始分段点，且此分段点决定最终的分段点精度；而本书提出的二分搜索改进重构法只需要交互提取自由特征与圆弧特征相邻时的初始分段点即可，此分段点需要保证属于圆弧特征数据，但不要求较高精度。如图 3.8 所示，为对截面数据进行分段及重构。其中，图 3.8（a）中带噪声的截面数据是在理论数据点（已知理论模型）中加入标准差为 0.01mm 的高斯噪声（误差范围±0.03mm），数据点个数为 109 个，采样平均密度为 0.1mm，直线特征与自由特征数据间理论分段点 P_{id}^1 为 (5.000000, 4.000000)，圆弧特征与自由特征数据间理论分段点 P_{id}^2 为 (9.200000, 3.200000)；图 3.8（b）为 3 种重构方法的结果；图 3.8（c）与图 3.8（d）分别为直线特征与自由特征、圆弧特征与自由特征相邻部分重构结果的局部放大。其中，由分步重构法拟合的 C_1 样条曲线实际分段点为 P_{re}^1；由整体重构法拟合的 C_2 样条曲线实际分段点为 P_{re}^2；由改进重构法拟合的 C_3 样条曲线实际分段点为 P_{re}^3。

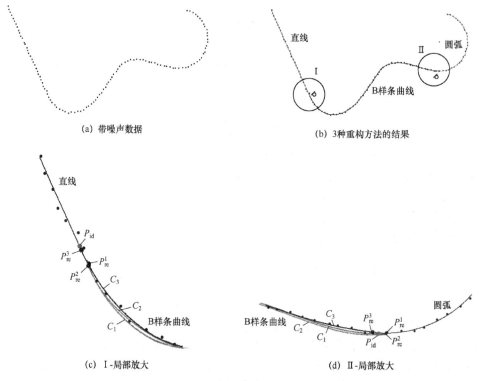

(a) 带噪声数据　　　　　　　(b) 3种重构方法的结果

(c) Ⅰ-局部放大　　　　　　　(d) Ⅱ-局部放大

图 3.8　截面数据精确分段及重构

分析表 3.5 和表 3.6 中各组数据的对比结果，首先对表 3.5 中关于分段点的提取精度进行分析，本例中改进重构法产生的距离误差要明显小于另外两种方法。然后对表 3.6 中关于截面曲线的拟合精度进行分析，对于直线特征和圆弧特征部分，3 种重构法的逼近精度相近，改进重构法略优；而对于自由特征部分，改进重构法产生的逼近误差要小于其他两种方法，其中整体重构法的控制点个数大于另外两种。最后在算法复杂度与效率上，分步重构法是直接交互提取截面数据分段点，然后基于在分段点处的连续性约束进行截面曲线的重构，其间只涉及样条曲线拟合的迭代；整体重构法前面已经分析过；改进重构法是在分步重构法基础上，先根据数据平滑方法确定分段点区间，然后在该区间内采用二分搜索法迭代样条曲线首个控制点来找寻精确分段点，其间涉及数次样条曲线重新拟合的迭代。所以，关于算法复杂度，改进重构法高于分步重构法，而小于整体重构法。

表 3.5　分段点提取误差分析　　　　　　（单位：mm）

加噪数据	直线—B 样条曲线			圆弧—B 样条曲线		
	P_{id}	P_{re}	E_d	P_{id}	P_{re}	E_d
分步重构法	(5.0000, 4.0000)	(5.0563, 4.1160)	0.1290	(9.2000, 3.2000)	(9.2747, 3.1974)	0.0747
整体重构法	(5.0000, 4.0000)	(5.0560, 4.1161)	0.1289	(9.2000, 3.2000)	(9.2756, 3.1990)	0.0756
改进重构法	(5.0000, 4.000)	(5.0091, 4.0214)	0.0233	(9.2000, 3.2000)	(9.1586, 3.1983)	0.0415

表 3.6　曲线拟合误差分析　　　　　　（单位：mm）

加噪数据	直线		B 样条曲线			圆弧	
	E_{ave}	E_{max}	E_{ave}	E_{max}	$n+1$/个	E_{ave}	E_{max}
分步重构法	0.0076	0.0255	0.0102	0.0289	10	0.0085	0.0212
整体重构法	0.0077	0.0253	0.0101	0.0249	11	0.0085	0.0208
改进重构法	0.0073	0.0271	0.0085	0.0217	10	0.0082	0.0207

2. 实际测量数据

本组数据是对实际加工的仿某涡轮叶片叶身模型[见图 3.9（a）]，利用三坐标测量机测得的叶片截面数据。采用本书提出的二分搜索法对其进行精确分段，然后优化重构。该截面数据是由直线特征、圆弧特征和自由特征 3 种特征数据在 G^1 连续约束下组合而成的，并且已知理论 CAD 模型（已知理论分段点位置）。图 3.9（b）为对测得截面数据进行离散曲率分析，数据点个数为 680 个，采样平均密度为 0.1mm。图 3.9（c）为对截面数据进行初步分段及特征识别。图 3.9（d）为利用本书提出的数据平滑方法确定相邻特征数据间分段点所在区间 S。图 3.9（e）为分段点的精确提取及优化重构结果。表 3.7 和表 3.8 同样给出了重构结果的相关数据分析：各分段数据的平均距离误差 E_{ave} 和最大距离误差 E_{max}，分段点距离误差 E_d。

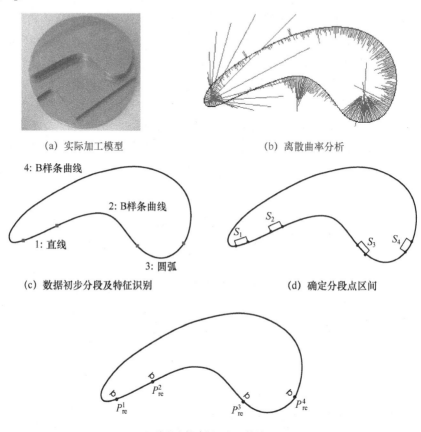

(a) 实际加工模型　　　　　　　(b) 离散曲率分析

(c) 数据初步分段及特征识别　　(d) 确定分段点区间

(e) 分段点精确提取与重构结果

图 3.9　仿涡轮叶片截面数据精确分段与重构

表 3.7　曲线拟合误差分析

误差	1:直线	2:B 样条曲线	3:圆弧	4:B 样条曲线
E_{ave}/mm	0.0004	0.0042	0.0027	0.0105
E_{max}/mm	0.0019	0.0107	0.0081	0.0317

表 3.8　分段点提取误差分析

距离误差	1:直线—2:B 样条曲线	2:B 样条曲线—3:圆弧	3:圆弧—4:B 样条曲线	4:B 样条曲线—1:直线
E_d/mm	0.0372	0.0296	0.0435	0.0475

对本实例采用真实测量数据得到的重构结果进行分析,并对比表 3-7 和表 3-8 中的数据,可以看出其与模拟数据(见表 3-5 和表 3-6)的结果基本相同,即本书提出的二分搜索法提高了截面轮廓线分段点的提取精度,并因此提高了整个截面的重构质量。

3.7 两种求解精确分段点方法的比较

利用二分搜索法和边界切矢方向法寻求精确分段点,在理论分析的基础上,结合一定的实验数据进行对比分析,得出以下结论:

(1)二分搜索法是先通过数据平滑滤波得到分段点所在的数据区间,然后拟合直线和 B 样条曲线,并在区间内迭代 B 样条曲线首个控制顶点,最后以判断样条逼近误差期望值是否为 0 作为迭代终止条件,取得分段点。依据边界切矢方向法是先根据离散曲率结合交互经验提取初始分段点,然后拟合直线和 B 样条曲线,计算边界处样条曲线的切矢方向和直线方向夹角,最后以合适的阈值为判断条件,取得分段点。

(2)二分搜索法需要先确定出分段点所在的数据点区间,然后在区间内进一步搜索,区间过大会影响最终搜索出的分段点精度;依据边界切矢方向法不需要确定分段点区间,对提取的初始分段点位置精度要求较低。

(3)二分搜索法在迭代 B 样条曲线首个控制点进行搜索时,每步迭代都需要重新计算节点矢量;依据边界切矢方向法搜索时,每步迭代只需要计算 B 样条曲线的切矢和切矢方向与直线方向的夹角。

(4)二分搜索法在分段点区间内搜索,范围确定可靠,方法效率高,结果精度高;依据边界切矢方向法搜索时,根据不同的初始分段点位置需要匹配不同的阈值,其稳定性有一定的限制。

(5)对于两种方法的适用范围,当对反求产品精度有较高要求时,针对含有较小噪声的原始截面数据可利用二分搜索法得到较精确的分段点;当面对的原始截面数据含有较大噪声时,可利用依据边界切矢方向法。

3.8 本章小结

本章主要研究了截面特征曲线间分段点精确提取和截面轮廓曲线优化重构的问题,提出了直线与 B 样条曲线、圆弧与 B 样条曲线间分段点精确提取的方法,并建立了基于精确分段点和 G^1 连续约束的自由特征优化重构模型；研究了直线、圆弧和 B 样条曲线的表达，详细给出了直线和圆弧的最小二乘法拟合表达式，并给出了基于误差控制的 3 次 B 样条曲线自适应拟合算法；研究了直线和圆弧分别与 B 样条曲线间的 G^1 连续约束表达，指出了圆弧与 B 样条曲线间的约束为非线约束，优化求解时较复杂，在分步求解出精确分段点之后，可简化为线性约束模型。

对于分段点的精确提取，本章研究并提出了两种求解精确分段点的搜索方法，详细阐述了两种方法的实现流程，然后对两种分段点精确求解方法进行了对比分析，并给出了使用范围。二分搜索法需要在一个确定的较小数据区间内进行搜索，迭代中每步都需重新计算节点矢量，最终求解的分段点可靠性和精度均较高；依据边界切矢方向搜索法对初始分段点精度的要求不高，搜索过程中计算量小，但最终结果的求解精度受阈值影响，稳定性略差。

本章最后给出了截面特征的约束优化重构模型，并给出了详细的求解方法；误差评价是逆向工程建模中的重要部分，为了评价优化重构的截面轮廓线对数据点的逼近程度，本章还推导了各类曲线的逼近误差计算公式。

第4章
直线特征-样条特征满足G^1连续约束的截面数据重构

摘要：提出一种基于一维搜索的高精度截面数据重构方法。根据截面数据的离散曲率信息初步提取分段点，确定理想分段点所在区域，并以区域端点为界将截面数据分割成具有单一特征的数据段；优先重构自由度小的直线、圆弧特征，再重构自由特征；耦合边界约束模型和自由特征重构模型，建立优化模型，采用拉格朗日乘子法求解。在自由特征的重构过程中，建立特征间连接点的精确提取模型，利用黄金分割法动态搜索最优连接点。

4.1 引言

在面向特征的截面数据重构过程中，为了使截面数据能够正常拟合，不得不事先提取分段点。目前较普遍的做法是：通过点云的离散曲率分析，将点云中的某个数据点提取为分段点。以处理直线与自由特征混合型截面数据的重构问题为例，当提取分段点时，最理想的分段点就是直线与自由特征的理论切点（G^1连续点）。但截面数据是由一个个离散点组成的，采集到的数据点与数据点之间存在间隙，而且采集到理论分段点的概率极小。若预处理的截面数据自身不包含理论分段点，那么提取的分段点只不过是理想分段点周围的一个点。

在文献[32-35]中期望依据边界约束模型和自由特征重构模型，通过适当的优化方法，重构出高质量的截面曲线，但截面曲线中的切点（自由特征的第一个点）都会过分依赖事先提取的分段点。这些优化方法中最具代表性的主要有两种，一种是 Werghi 等人[36]提出的解决工程中各种曲面间包含约束问题在内的解决方案，利用惩罚函数法将有约束优化问题转化为无约束问题，再利用 Levenberg-Marquadrat 方法求解。浙江大学的柯映林等人[32-34]亦提出了类似的解决方案。另一种方法是 Benkö[35]提出的逆向工程中曲线曲面包含约束的解决方案，以拟合的直线和圆弧为初值，利用超曲面投影法，在约束超曲面上迭代求解。

依据 G^1 连续约束条件下自由特征重构模型的不同，重构结果有两种情况：情况 1，如果所有数据点做逼近处理，那么求解出来的切点是分段点在相邻直线（圆弧）上的投影点；情况 2，如果自由特征的第一个点插值分段点，其余点做逼近处理，那么求解出来的切点就是这个提取出来的分段点。本章将从一维、二维搜索的角度，通过找寻最优分段点，来改善目前截面数据重构存在的问题。

● 4.2 基于黄金分割法的截面数据最优化重构

依据情况1，求解出来的切点是分段点在相邻直线（圆弧）上的投影点。这是导致自由曲线在连接处附近重构质量较大的主要原因。只要对分段点进行优化，自由曲线的拟合质量必然会有所改善。仿照 Benkö 的分步重构思想，可以先重构自由度较低的直线和圆弧，再重构较复杂的自由曲线（选用 3 次 B 样条曲线）。在重构自由曲线的过程中，通过建立最优化特征点的提取模型，在相邻的直线、圆弧上找寻最优特征点。

在事先重构完成的直线、圆弧上进行模型求解，这可以看作是一维搜索的问题。最常用的解法是黄金分割法[37]，又称 0.618 法。只要在直线、圆弧上确定搜索区间$[a, b]$，利用区间消去法的原理进行求解，即在搜索区间$[a, b]$内插入两点 a_1、a_2 将区间分成 3 段，并计算其函数值 f_1、f_2，应用函数的单谷性质，判断函数值 f_1、f_2 的大小，删去其中一段使搜索区间变短，然后在保留下的区间做相同处理，如此迭代搜索区间不断缩小，最后得到最优解的数值近似解。

4.2.1 优化数学模型的建立

B 样条曲线需要修改的区域为直线（圆弧）和 B 样条曲线的拼接点附近。根据 B 样条曲线具有局部修改性，可以通过移动相关控制点来修改拼接处 B 样条曲线的形状。所谓局部修改性，就是移动 P_i，只改变 B 样条曲线 $C(u)$ 在区间$[u_i, u_{i+p+1})$上的形状。如图 4.1 所示，给定由节点矢量 $U=(u_0, u_1, \cdots, u_{15})$和控制点 $P_0, \cdots, P_{11}$定义的 3 次 B 样条曲线，若移动控制点 P_0，B 样条曲线在节点区间$[u_0, u_4)$上的形状会发生改变。根据这一性质，节点区间$[u_0, u_4)$上数据点投影距离较大的问题，可以按照下面的方法来修改。

第4章 直线特征-样条特征满足 G^1 连续约束的截面数据重构

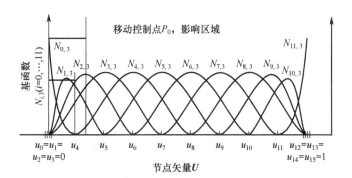

图4.1 3次B样条曲线基函数与节点矢量 U 对应图

建立如下目标函数：

$$\min f(P_0) = \sum_{i=0}^{n} D_i(P_0)$$
$$\text{s.t. } \text{dist}(P_0 - L_0) = 0 \tag{4-1}$$

式中，L_0 是与B样条曲线拼接的直线；D_i 是节点区间 $[u_0, u_4]$ 上第 i 个数据点到当前B样条曲线的投影距离；dist 是控制点 P_0 到直线 L_0 的距离。

4.2.2 黄金分割法的优化过程

利用黄金分割法解决一维搜索问题：控制点 P_0 在直线（圆弧）上某个区间内移动，使B样条曲线在第一个节点区间上对应的数据点到曲线的投影距离之和 $f(P_0)$ 最小。若数据的采样密度 $D=0.1$mm，由于分段点的人为误判，放大理论切点所在区间的长度至 $2D$，在黄金分割法计算不失真的前提下，在限定次数11次内，0.2×0.618^{11}mm$=0.001$mm，可以获得较优的极值点（连接点）。如图4.2 所示，分别将操作者难以确定归属的 A、B 数据点在直线（圆弧）上的投影点 a、b 作为搜索区间 $[a, b]$ 的左右端点；并设定搜索区间、目标函数值和控制点收敛精度分别为 S_0、S_1、S_2。

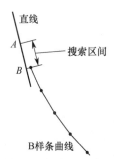

图4.2 搜索区间的确定

黄金分割法的求解过程如下：

（1）根据给定离散数据的曲率信息，初步提取分段点，并确定理想连接点所在点云中的大致区间$[a,b]$。

（2）先拟合自由度小的特征（以直线为例），得到直线L_0；再基于边界约束条件（G^1连续约束）拟合B样条曲线，得到曲线C_0，获得初始控制点，第一个控制点为P_0'。

（3）建立特征间连接点的精确提取模型，设定搜索区间、目标函数值收敛精度分别为S_0、S_1，在直线L_0上的$[a,b]$区间内，利用黄金分割法动态搜索最优连接点P_0''。在搜索过程中，对于不同的P_0''点，将数据点重新参数化。

（4）基于边界约束条件（G^1连续约束），且第一个点插值P_0''，其余数据点做逼近处理，拟合B样条曲线，得到曲线C_1。

（5）将曲线C_1的第一个控制点P_0''与初始控制点的第一个控制点P_0'进行距离误差比较，如果结果小于阈值S_2，则找寻的连接点为$P_0=(P_0''+P_0')/2$；否则将曲线C_1的控制点置为初始控制点，第一个控制点置为P_0'，然后转到步骤（3）。

对于采样密度较小（$D\leqslant 0.05mm$）的截面数据，由于在初始分段点提取过程中，较难确定原始连接点的区间$[a,b]$，采用黄金分割法找寻最优分段点时，要放大黄金分割法的动态搜索区间，以确保即使初始分段点提取误差较大，原始连接点仍在搜索区间内。

在分步重构法的基础上，通过黄金分割法动态搜索最优连接点，进而获取更符合初始设计意图的截面重构特征。这里将改进后的分步重构法称为截面数据的改进重构法。

4.3 最优化的误差分析

截面数据经高精度重构之后，截面特征要满足适当的约束条件，截面数据点到截面特征的逼近误差也要达到最小。因此，评价优化重构结果需要分析逼近误差和约束误差这两个方面。

4.3.1 逼近误差分析

截面离散数据点到重构后的直线、圆弧、B样条曲线的逼近误差，就是数据点到曲线的投影距离。能够反映数据点到曲线逼近精度的指标主要是平均投影距离误差和最大投影距离误差。本书采用Pratt[27]提出的表达方式表示直线和圆弧，其投影距离等于数据点到曲线的代数距离。而 B 样条曲线选用 3 次参数式样条曲线，其投影距离的计算由于需要进行牛顿迭代计算，故相对较为复杂。

（1）直线。设某段直线对应的数据点列为 $Q = \{Q_i(x_i, y_i)\}_{i=0}^{m}$，重构后具有参数 l_0、l_1、l_2，则平均投影距离误差为：

$$\varepsilon_w = \frac{1}{m+1} \sum_{i=0}^{m} |l_0 x_i + l_1 y_i + l_2| \tag{4-2}$$

（2）圆弧。设某段圆弧对应的数据点列为 $Q = \{Q_i(x_i, y_i)\}_{i=0}^{m}$，重构后具有参数 c_0、c_1、c_2、c_3，则平均投影距离误差为：

$$\varepsilon_w = \frac{1}{m+1} \sum_{i=0}^{m} |c_0(x_i^2 + y_i^2) + c_1 x_i + c_2 y_i + c_3| \tag{4-3}$$

（3）B 样条曲线。设某段 B 样条曲线对应的数据点列为 $Q = \{Q_i(x_i, y_i)\}_{i=0}^{m}$，重构后具有参数 $P = (P_0, \cdots, P_n)$，$U = \{\tilde{u}_i\}_{i=0}^{m}$。利用牛顿迭代法计算各数据点到重构后 B 样条曲线的投影点 $Q' = \{Q_i(x_i, y_i)\}_{0}^{m}$，则逼近误差为：

$$\varepsilon_w = \frac{1}{m+1} \sum_{i=0}^{m} |Q_i - Q_i'| \tag{4-4}$$

4.3.2 约束误差分析

不管是在 4.2 节中利用黄金分割法，还是在后续 7.2 节中利用网格法，来优化重构截面数据，其基本步骤都是优先重构自由度较小的直线和圆弧，再基于 G^1 连续约束，重构 B 样条曲线，其约束都是严格满足的，故不存在约束误差。

4.4 应用实例

为了验证提出的截面数据高精度重构方法，给出以下实例分析比较。这里参与比较的方法有 3 种：目前逆向工程师实际逆向建模过程中最常用的分步重构法；浙江大学刘云峰[34]提出的整体重构法；本书提出的改进重构法。为了判别重构结果是否符合初始设计意图，需要将重构结果与理论模型进行比较分析，比较分析的项目包括：实际提取的连接点 P_p 与理论连接点 P_t 的距离误差 ε_d；评价自由特征逼近精度全部数据点的平均距离误差 ε_w 和最大距离误差 ε_m；自由特征在连接点附近一段区间内数据点（由于 B 样条曲线具有局部性，本书统计第一个非零节点区间内的数据点）的平均距离误差 ε_l 和离散程度 σ_l（数据点到拟合曲线距离误差的方差）。

在实例设计的过程中，通过离散理论 CAD 模型获取截面离散数据，重构已知理论模型的离散数据，以便分析重构结果与理论 CAD 模型的逼近程度。这里的实例分析数据包括两种：理论离散数据（已知理论模型的离散数据）；带噪声的离散数据（在已知理论模型的离散数据中加入高斯噪声）。

在进行重构之前，3 种方法均指定同一个初始分段点，黄金分割法中的控制点收敛精度 $S_0 = 0.002$mm。图 4.3 为理论离散数据的重构。图 4.3（a）为模拟数据的初始截面数据，二维包围盒为 10×5mm^2，其中含 125 个数据点，理论连接点为 (1.0000, 4.0000)；图 4.3（b）是分别由 3 种重构法得到的结果；图 4.3（c）是重构结果的局部放大图。其中，由分步重构法得到的曲线 B_1 的连接点 P_p^1 为（1.0138, 4.0555），与理论连接点 P_t 的距离误差为 0.0572mm；由整体重构法得到的曲线 B_2 的连接点 P_p^2 为 (1.0149, 4.0564)，与理论连接点 P_t 的距离误差为 0.0583mm；由本书改进重构法得到的曲线 B_3 的连接点 P_p^3 为（0.9978, 3.9915），与理论连接点 P_t 的距离误差为 0.0087mm。

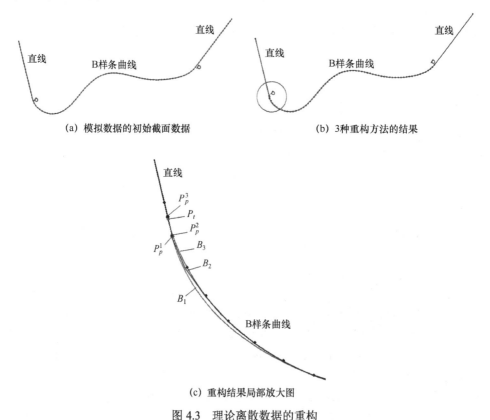

图 4.3 理论离散数据的重构

第4章 直线特征-样条特征满足 G^1 连续约束的截面数据重构

表 4.1 中,对比 3 种方法提取的实际连接点与理论连接点的距离误差 ε_d,利用本书提出的改进重构法产生的距离误差要小得多;从评价自由特征逼近精度全部数据点的平均距离误差 ε_w 和最大距离误差 ε_m 来看,改进重构法也要比其他两个方法精度高;而且从平均距离误差 ε_l 和离散程度 σ_l 分析,改进重构法自由特征在连接点附近的数据点分布更加均匀。可以看出,本书提出的改进重构法能找寻到高精度的连接点,从而提高重构曲线的整体质量。

表 4.1 理论离散数据的重构结果分析 （单位：mm）

方法	提取的连接点 P_p	距离误差 ε_d	平均距离误差 ε_w	最大距离误差 ε_m	平均距离误差 ε_l	离散程度 σ_l
分步重构法	(1.0138, 4.0555)	0.0572	0.0025	0.0146	0.0072	2.239×10^{-5}
整体重构法	(1.0149, 4.0564)	0.0583	0.0011	0.0042	0.0009	1.425×10^{-6}
改进重构法	(0.9978, 3.9915)	0.0087	0.0011	0.0032	0.0008	2.325×10^{-7}

图 4.4 是带噪声的离散数据重构,它是在图 4-3（a）的模拟数据中加入高斯噪声。图 4.4（a）为加入 0.01mm 高斯噪声的初始截面数据;图 4.4（b）是 3 种重构法得到的结果;图 4.4（c）是重构结果局部放大图。其中,由分步重构法得到的曲线 B_1 的连接点 P_p^1 为（1.0139, 4.0557）,与理论连接点 P_t 的距离误差为

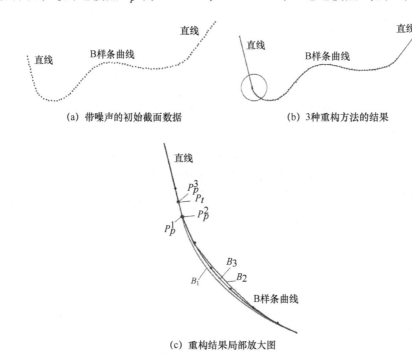

(a) 带噪声的初始截面数据　　　　　(b) 3种重构方法的结果

(c) 重构结果局部放大图

图 4.4 带噪声的离散数据重构

0.0574mm；由整体重构法得到的曲线 B_2 的连接点 P_p^2 为（1.0145，4.0530），与理论连接点 P_t 的距离误差为 0.0549mm；由本书改进重构法得到的曲线 B_3 的连接点 P_p^3 为（0.9990，3.9960），与理论连接点 P_t 的距离误差为 0.0041mm。

表 4.2 中，对比 3 种方法提取的实际连接点与理论连接点的距离误差 ε_d，利用本书提出的改进重构法产生的距离误差要小得多；从评价自由特征逼近精度全部数据点的平均距离误差 ε_w 和最大距离误差 ε_m 来看，本书方法略逊于整体重构法，这是由于整体重构法的控制点数多于本书方法的控制点数。在图 4.4（c）中，结合平均距离误差 ε_l 和离散程度 σ_l，改进重构法要比整体重构法均匀。可以看出，在带噪声的情况下，本书提出的改进重构法优于另外两种方法。

表 4.2 带噪声的离散数据重构结果分析　　　　　　　　　　（单位：mm）

方法	提取的连接点 P_p	距离误差 ε_d	平均距离误差 ε_w	最大距离误差 ε_m	平均距离误差 ε_l	离散程度 σ_l
分步重构法	(1.0139, 4.0557)	0.0574	0.0075	0.0242	0.0093	4.082×10^{-5}
整体重构法	(1.0145, 4.0530)	0.0549	0.0054	0.0175	0.0048	8.628×10^{-6}
改进重构法	(0.9990, 3.9960)	0.0041	0.0063	0.0171	0.0041	6.218×10^{-6}

4.5　本章小结

本章提出基于一维搜索技术的 G^1 连续截面数据高精度重构方法，其核心部分是利用黄金分割法动态找寻直线（圆弧）和自由特征的最优连接点。

（1）在利用黄金分割法进行最优连接点的搜索过程中，只存在一重迭代，算法简便而快捷。

（2）由于分段点的高精度识别，使得重构结果既严格满足了特征间的 G^1 连续约束要求，又保证了整个截面曲线对截面数据的逼近精度。

（3）避免由于分段点无法精确提取导致边界约束信息不准确的问题，进而使重构结果不符合初始设计意图。

第5章
圆弧特征–样条特征满足 G^1 连续约束的截面数据重构

摘要：针对 G^1 连续截面数据重构，本书提出了基于粒子群算法动态找寻精确分段点的高精度重构方法。根据截面数据分段情况及特征表达，优先重构自由度少的直线、圆弧特征曲线，再根据边界 G^1 连续约束重构自由特征，建立优化模型，采用拉格朗日乘子法进行求解。然后基于上述重构结果，采用添加边界 G^1 连续约束条件的粒子群算法调整控制点并辅以节点矢量优化，找寻精确分段点，提高截面重构质量。

5.1 引言

基于特征的截面数据重构研究，旨在捕捉产品设计意图，最大限度地还原产品的深层次内涵，继而在充分了解产品设计思想的基础上进行创新。在实际的二维截面数据逆向建模应用中，一般根据实际离散数据的曲率信息估算辅以工程师的经验提取数据的分段点，但该方法的提取精度不高。由于分段点提取的偏差，导致样条特征在分段点附近的重构效果与理论偏差较大，进而影响曲面在分界线附近的重构质量。

因此，分段点是根本问题。文献[10,13,19,38-41]对截面数据的分段及重构进行了大量的研究，这些方法虽然在一定程度上提高了重构的质量与效率，但都忽略了分段点的影响。章海波等人将截面数据分为直线特征、圆弧特征和自由特征，重点研究直线特征与自由特征在满足 G^1 连续约束条件下的重构问题，但并没有涉及圆弧特征，所以很有必要进一步研究提取高精度的分段点。

智能算法在截面数据重构优化方面也有广泛的应用。Yang H 等人[42]和 Jiří K 等人[43]通过调整控制点来调整 B 样条曲线的逼近精度。文献[10,44]采用调整节点矢量优化 B 样条曲线。受此启发，本书提出基于粒子群算法的高精度重构方法，其核心在于通过提取高精度分段点来提高截面数据重构的质量。

5.2 基于边界 G^1 连续约束的截面重构

目前工程中常用的截面数据重构方法是分步重构法。首先，通过曲率法提取初始分段点，以初始分段点为界将截面特征分割成具有单一特征的直线特征数据、圆弧特征数据和自由特征数据；然后，用分段拟合的方法从截面离散数据中获取初始特征。

（1）优先重构自由度较少的直线特征、圆弧特征，然后再基于边界约束条件重构自由度较大的自由特征。

（2）对每段数据先拟合特征曲线，然后在曲线的边界处添加相应的约束。

初始分段点不精确同样会影响直线特征、圆弧特征的拟合。因为初始分段点为理论分段点附近的点，无法直接判定归属。也就是说，以分段点为界分割获得的单一特征数据，无法确保其准确性。为确保直线数据、圆弧数据的单一性，可通过交互方式人为去除这部分数据，然后对剩余的单一直线数据、圆弧数据进行最小二乘法拟合。

5.2.1 基于边界 G^1 连续约束的截面数据重构

1. 直线特征重构

给定 $m+1$ 个离散数据点 $\boldsymbol{Q}=\{Q_0,\cdots,Q_m\}$，则采样点 $\boldsymbol{Q}_i(x_i,y_i)$ 到重构直线的有向代数距离为 $d_i = l_0 x_i + l_1 y_i + l_2$，点到直线的欧氏距离为：

$$\frac{|l_0 x_i + l_1 y_i + l_2|}{\sqrt{l_0^2 + l_1^2}} = |l_0 x_i + l_1 y_i + l_2| = |d| \tag{5-1}$$

使用最小二乘法对离散数据点进行重构，建立优化数学模型如下：

目标函数：

$$\min f(\boldsymbol{X}) = \sum_{i=0}^{m} d_i^2 = \sum_{i=0}^{m} |l_0 x_i + l_1 y_i + l_2|^2$$

$$= (l_0\ l_1\ l_2) \begin{pmatrix} \sum_{i=0}^{m} x_i^2 & \sum_{i=0}^{m} x_i y_i & \sum_{i=0}^{m} x_i \\ \sum_{i=0}^{m} x_i y_i & \sum_{i=0}^{m} y_i^2 & \sum_{i=0}^{m} y_i \\ \sum_{i=0}^{m} x_i & \sum_{i=0}^{m} y_i & m+1 \end{pmatrix} \begin{pmatrix} l_0 \\ l_1 \\ l_2 \end{pmatrix}$$

$$= \boldsymbol{X} \boldsymbol{M}_l \boldsymbol{X}^{\mathrm{T}}$$

$$\text{s.t.} \quad l_0^2 + l_1^2 - 1 = 0 \tag{5-2}$$

式中，$X = [l_0, l_1, l_2]$ 为直线的参数矩阵；M_l 为数据点构成的直线分离矩阵，$M_l = \sum_{j=0}^{m} D^T D$，$D = [x_j, y_j, 1]$。

2. 圆弧特征重构

给定 $m+1$ 个离散数据点 $Q = \{Q_0, \cdots, Q_m\}$，则数据点 $Q_i(x_i, y_i)$ 到圆弧的代数距离 $d_i = c_0(x_i^2 + y_i^2) + c_1 x_i + c_2 y_i + c_3$，由于数据预处理后，数据点较为平滑，因此数据点到圆周的欧氏距离可以近似视为欧氏距离 $|d_i| = c_0(x_i^2 + y_i^2) + c_1 x_i + c_2 y_i + c_3$。

使用最小二乘法对离散数据点进行重构，建立优化数学模型如下：

目标函数：

$$\min \; f(X) = \sum_{i=0}^{m} d_i^2 = \sum_{i=0}^{m} \left| c_0(x_i^2 + y_i^2) + c_1 x_i + c_2 y_i + c_3 \right|^2$$

$$= (c_0 \; c_1 \; c_2 \; c_3) \begin{bmatrix} \sum_{i=0}^{m}(x_i^2+y_i^2)^2 & \sum_{i=0}^{m} x_i(x_i^2+y_i^2) & \sum_{i=0}^{m} y_i(x_i^2+y_i^2) & \sum_{i=0}^{m}(x_i^2+y_i^2) \\ \sum_{i=0}^{m} x_i(x_i^2+y_i^2) & \sum_{i=0}^{m} x_i^2 & \sum_{i=0}^{m} x_i y_i & \sum_{i=0}^{m} x_i \\ \sum_{i=0}^{m} y_i(x_i^2+y_i^2) & \sum_{i=0}^{m} x_i y_i & \sum_{i=0}^{m} y_i^2 & \sum_{i=0}^{m} y_i \\ \sum_{i=0}^{m}(x_i^2+y_i^2) & \sum_{i=0}^{m} x_i & \sum_{i=0}^{m} y_i & m+1 \end{bmatrix} \begin{pmatrix} c_0 \\ c_1 \\ c_2 \\ c_3 \end{pmatrix}$$

$$= X M_c X^T$$

$$\text{s.t.} \quad c_1^2 + c_2^2 - 4 c_0 c_3 - 1 = 0 \tag{5-3}$$

式中，$X = [c_0, c_1, c_2, c_3]$ 为圆弧的参数矩阵；M_c 为数据点构成的圆弧分离矩阵，$M_c = \sum_{j=0}^{m} D^T D$，$D = \left[(x_j^2 + y_j^2), x_j, y_j, 1 \right]$。

3. 基于 G^1 连续约束的自由特征曲线重构

本书中，自由特征采用 B 样条曲线进行表达。根据 B 样条曲线属性可知，一条 n 次 B 样条曲线能达到 $n-1$ 阶连续，能够获得更好的连续性和光顺性。但次数很高的 B 样条曲线计算非常复杂，且在正向设计中，设计者一般并不会采用很高次数的 B 样条曲线。针对实际的工程应用，2 阶连续的曲线已能很好地解决工程问题，所以本书采用的是 4 阶 3 次 B 样条曲线，也是工程中最为常用的。

在进行 B 样条曲线拟合时，其中很关键的一点是如何先确定控制顶点的个数和节点矢量。一般控制顶点个数要少于要拟合的数据点个数才有意义。在正向设计过程中，设计者不仅要考虑产品外观形状，而且要考虑产品的光顺性问题，在确保产品功能的前提下使用最少的控制点。因此，设计者在设计产品时，控制点一般是最优的。

考虑二维截面数据的离散性及数据提取精度等因素的影响，B 样条曲线普遍采用最小二乘法拟合，在规定误差界内逼近数据点列。文献[45，46]指出 B 样条曲线拟合的质量受数据点列参数化方法、节点矢量配置方法和重构误差界的影响。为了更好地捕捉各阶段隐藏在数据中的几何特征，使拟合曲线趋近自然化，同时确保控制点趋近于最少，本书采用 Piegl 等人[47]给出的在误差界 E 内控制点由多到少的 B 样条曲线拟合法，由一次 B 样条插值曲线开始，逐渐升阶至 3 次，从而获得 B 样条曲线 C。具体算法如下：

（1）根据数据点列 $\boldsymbol{Q}=\{Q_0,\cdots,Q_m\}$，采用规范累积弦长参数化方法计算所有数据点对应的参数化值，并依此进行节点矢量配置，得到 $\boldsymbol{U}=[\tilde{u}_0,\tilde{u}_1,\tilde{u}_2,\cdots,\tilde{u}_m]$。

（2）根据数据点列及节点矢量，进行一次 B 样条曲线插值，求取控制点 $\boldsymbol{P}$，并初始化投影误差。

（3）根据给定误差界 E，对重构的曲线进行节点消去处理。

（4）若未升阶至 3 次，则转至步骤（3）；否则，生成重构曲线 C。

（5）重构曲线的所有节点重复度加 1（次数也加 1），对 B 样条曲线进行升阶。

（6）使用最小二乘曲线拟合，求解新的控制点 $\boldsymbol{P}$，更新投影误差及参数化值，转至步骤（3）。

为保证严格的 G^1 连续约束，本书采用拉格朗日乘子法进行求解，既能保证 B 样条曲线边界 G^1 连续约束，同时又能保证整条样条曲线的逼近误差。建立如下数学模型：

目标函数：

$$\min f = \sum_{i=0}^{m}\left[\boldsymbol{Q}_i - C(ub_i)\right]^2 = \sum_{i=0}^{m}\left[\boldsymbol{Q}_i - \sum_{j=0}^{n} N_{j,3}(ub_i)\boldsymbol{P}_j\right]^2$$

$$= (\boldsymbol{Q}^{\mathrm{T}} - \boldsymbol{P}^{\mathrm{T}}\boldsymbol{N}^{\mathrm{T}})(\boldsymbol{Q} - \boldsymbol{N}\boldsymbol{P})$$

$$\text{s.t.} \begin{cases} d(\boldsymbol{P}_0 - L_1) = d(\boldsymbol{P}_1 - L_1) = 0 \\ d(\boldsymbol{P}_n - L_2) = d(\boldsymbol{P}_{n-1} - L_2) = 0 \end{cases} \tag{5-4}$$

式中，$\boldsymbol{P}$ 为 B 样条曲线的控制点 $\{P_0,\cdots,P_n\}$；$\boldsymbol{Q}$ 为二维截面数据点列 $\{Q_0,\cdots,Q_m\}$；$\boldsymbol{N}$ 为 B 样条基函数组成的矩阵；L_1、L_2 为重构直线或圆弧在分段点处的切线。

上述数学模型中的约束为线性约束，根据拉格朗日乘子法，可得增广函数为：

$$f(\boldsymbol{P},\boldsymbol{A}) = \left(\boldsymbol{Q}^{\mathrm{T}} - \boldsymbol{P}^{\mathrm{T}}\boldsymbol{N}^{\mathrm{T}}\right)(\boldsymbol{Q} - \boldsymbol{N}\boldsymbol{P}) + \boldsymbol{A}^{\mathrm{T}}(\boldsymbol{M}\boldsymbol{P} - \boldsymbol{T}) \tag{5-5}$$

式中，$\boldsymbol{A}^{\mathrm{T}}$ 为由拉格朗日乘子组成的矢量；$\boldsymbol{T}$ 为约束数据项；$\boldsymbol{M}$ 为约束数据项对应的参数值。

对函数进行求导，求取最值得：

$$\begin{cases} \boldsymbol{N}^{\mathrm{T}}\boldsymbol{N}\boldsymbol{P} + \boldsymbol{M}^{\mathrm{T}}\boldsymbol{A} = \boldsymbol{N}^{\mathrm{T}}\boldsymbol{Q} \\ \boldsymbol{M}\boldsymbol{P} = \boldsymbol{T} \end{cases} \tag{5-6}$$

写成分块矩阵有：

$$\begin{bmatrix} \boldsymbol{N}^{\mathrm{T}}\boldsymbol{N} & \boldsymbol{M}^{\mathrm{T}} \\ \boldsymbol{M} & 0 \end{bmatrix} \begin{bmatrix} \boldsymbol{P} \\ \boldsymbol{A} \end{bmatrix} = \begin{bmatrix} \boldsymbol{N}^{\mathrm{T}}\boldsymbol{Q} \\ \boldsymbol{T} \end{bmatrix} \tag{5-7}$$

求解式（5-7）即可得到矢量 $\boldsymbol{P}$。

5.2.2 分段点对截面数据重构的影响

为检验分段点对带边界约束条件的 B 样条曲线重构质量的影响，现利用 UG NX 8.5 构建一个直线与 B 样条曲线相连接的草图（已知理论分段点），均匀采集曲线上的数据点集，如图 5.1（a）所示。分别以理论分段点及其附近的左、右采样点作为分段点，使用本书所述的分步重构法对截面数据进行重构。

重构结果如图 5.1（b）所示，以左采样点 P_p^1、右采样点 P_p^2 作为分段点分别进行截面数据重构得到曲线 C_1、C_2。在直线与 B 样条曲线的拼接处，B 样条曲线偏向截面数据点的一侧，倘若以由曲率法获得的分段点进行截面重构，其在拼接处的影响将更大；而采用理论分段点 P_t 得到的曲线 C_3 效果会比较好，不会明显偏向一侧，图 5.1（c）为局部放大图。

由此可知，虽然目前的重构方法在整体上较好地拟合了 B 样条曲线，也保证了直线和 B 样条曲线间 G^1 连续约束条件，但由于分段点的提取精度不够，重构曲线在拼接处附近数据点的逼近误差较大，不符合初始设计意图。

对于直线特征、圆弧特征表达可以通过最小二乘法重构获得。然而，对于初始参数的提取，如直线的长度、圆弧的角度等，取决于特征间的分段点，特征间分段点提取精度的高低决定了初始参数提取的优劣。

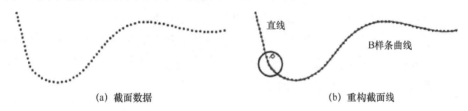

(a) 截面数据　　　　　　　　　　　(b) 重构截面线

图 5.1　分段点对截面重构的影响

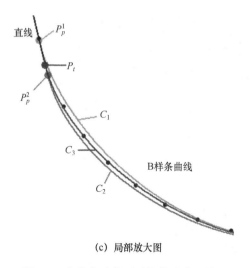

(c) 局部放大图

图 5.1　分段点对截面重构的影响（续）

同时，分段点的提取影响了截面特征的重构精度。根据如上分析，分段点的提取受各种因素影响，提取的分段点通常为理论分段点附近的一个采样点。由于近似分段点附近数据的不确定性，使得直线（或圆弧）特征数据可能会包含 B 样条曲线特征上的数据，进而影响直线（或圆弧）特征的重构精度；同理，也会影响自由特征的重构精度。这里重点介绍分段点提取精度对自由特征重构的影响。

由 B 样条曲线定义可知，影响 B 样条曲线形状的两个主要因素为控制点和节点矢量。

首先，实际分段点影响 B 样条曲线特征的控制点。以 4 阶 3 次 B 样条曲线为例，根据其定义有 $C(0) = N_{0,3}(0) P_0 = P_0$，即 B 样条曲线特征端点插值于实际分段点，而 B 样条曲线特征端点也是第一个控制点，因此，实际分段点即第一个控制点 P_0。由于实际分段点与理论值的偏差，导致第一个控制点 P_0 与理论值产生偏移，进而 B 样条曲线特征的其他控制点经过重新优化组合，也与理论值产生偏移。因此，实际分段点影响了 B 样条曲线特征的控制点。

其次，实际分段点影响了 B 样条曲线特征节点矢量。节点矢量的配置有多种方法，这里以积累弦长参数化方法为例进行分析。采用这种方法进行节点矢量配置，由于分段点的提取不精确，导致配置的节点矢量与理论值存在偏差，即影响 B 样条曲线的基函数，如图 5.2 所示。

第5章 圆弧特征-样条特征满足 G^1 连续约束的截面数据重构

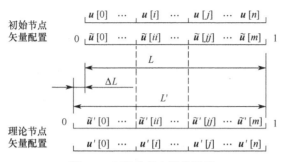

图 5.2 积累弦长参数化比较

$$\tilde{u}_i = \frac{\sum_{j=1}^{i} L'_j}{L} \tag{5-8}$$

$$\tilde{u}'_i = \frac{\sum_{j=1}^{i} L'_j}{L'} = \frac{\sum_{j=1}^{i} L_j + \Delta L}{L + \Delta L} \tag{5-9}$$

式中，L 为初始分段点情况下的累计弦长；ΔL 为弦长变化量；L' 为理论分段点情况下的累计弦长；$\tilde{u}_i$ 为初始分段点情况下的参数化值；$\tilde{u}'_i$ 为理论分段点情况下的参数化值。u_i 为初始分段点情况下的节点矢量；u'_i 为理论分段点情况下的节点矢量。

综上所述，分段点精确与否直接影响重构的 B 样条曲线特征。

5.3 基于粒子群算法的动态优化

分段点不精确影响特征的划分，还影响截面重构的质量。因此，分段点的精确提取是十分必要的。由于 B 样条曲线的表达较为复杂，而其相邻的特征及约束经常难以用线性条件进行表达，这里我们采用粒子群算法基于边界约束进行优化求解，精确提取分段点。为了清晰地描述优化过程，本书以 B 样条曲线一端（P_0 端）作为分析对象。

5.3.1 精确重构优化方案

由于分段点不精确，影响 B 样条曲线的控制点 P_0，同时边界 G^1 连续约束受控制点 P_0、P_1 共同影响。基于 B 样条曲线具有局部修改性的性质，可以进一步优化控制点 P_0、P_1，精确找寻精确分段点，使自由特征重新逼近截面点列，如图 5.3 所示。控制点 P_0、P_1 的调整属于多目标优化问题，这里采用粒子群算法对其进行求解。

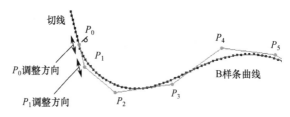

图 5.3 控制点调整方案

1. 相邻特征为直线

对于直线特征，边界约束条件可转化为：

$$\begin{cases} l_0 P_{0x} + l_1 P_{0y} + l_2 = 0 \\ l_0 P_{1x} + l_1 P_{1y} + l_2 = 0 \end{cases} \quad (5\text{-}10)$$

该约束满足矢量关系，直线方程即为分段点处切线方程，该切线方程恒定不变。在求解过程中，可将数据点横坐标作为优化变量，根据其矢量关系可得其纵坐标。这样既减少了参数的个数，又能将特征间约束融入求解过程，提高算法的稳定性。

2. 相邻特征为圆弧

由于圆弧的参数表达式为多值函数，为保证特征间的 G^1 连续约束及算法的稳定性，这里将控制 P_0 在圆弧特征上的搜索区间转化为弧度，设圆弧的圆心 $O_c(x_c, y_c)$，定义点 $Q(x, y)$ 在圆弧中的弧度为：

$$\text{rad} = \begin{cases} \arctan \dfrac{y-y_c}{x-x_c} & y-y_c \geqslant 0, x-x_c > 0 \\ \pi + \arctan \dfrac{y-y_c}{x-x_c} & x-x_c < 0 \\ 2\pi + \arctan \dfrac{y-y_c}{x-x_c} & y-y_c < 0, x-x_c > 0 \\ \dfrac{\pi}{2} & y-y_c > 0, x-x_c = 0 \\ \dfrac{3\pi}{2} & y-y_c < 0, x-x_c = 0 \end{cases} \quad (5\text{-}11)$$

在动态找寻精确分段点的过程中，控制点 P_0 的弧度 rad 与坐标 (x_0, y_0) 满足如下关系：

$$\begin{cases} x_0 = R\cos(\text{rad}) + x_c \\ y_0 = R\sin(\text{rad}) + y_c \end{cases} \quad (5\text{-}12)$$

式中，$O_c(x_c, y_c)$ 为圆弧的圆心；R 为圆弧的半径。

设分段点坐标为(x_0, y_0)，则切线方程有：

$$\begin{cases} l_0 = 2c_0 x_0 + c_1 \\ l_1 = 2c_0 y_0 + c_2 \\ l_2 = c_1 x_0 + c_2 y_0 + 2c_3 \end{cases} \quad (5\text{-}13)$$

由于分段点在圆弧上动态调整，切线方程是不断变化的，因此在粒子群优化过程中，需要实时更新切线方程。

B 样条曲线特征插值于 P_0，调整控制点 P_0 沿相邻特征移动一定距离后，根据节点矢量配置方法，节点矢量将发生变化。由前文分析可知，控制点调整后，节点矢量也将发生一定偏移。因此，不能忽视节点矢量的变化，需要对节点矢量进一步优化。节点矢量的调整优化，这里依然采用粒子群算法优化节点配置。优化节点矢量不仅可以修正控制点移动对节点的影响，同时还可以提高截面曲线的重构质量[48,49]。

节点矢量调节后，B 样条曲线得到了一定程度的优化，再进一步调整控制点，如此反复交替调整控制点、节点矢量，直至控制点调整达到终止条件（见 5.3.3 节），获取精确的分段点，根据调整后的控制点及节点矢量，重构高精度 B 样条曲线特征。

5.3.2 粒子群算法参数及适应度函数

1. 粒子群算法参数

粒子群算法调优参数对算法的性能影响很大。在粒子群算法中，影响其性能的主要参数有惯性权重 w、认知因子 c_1 和社会因子 c_2、粒子数、终止条件。对于参数选择，从数学角度分析惯性权重和加速因子等参数的选择原则具有一定难度，因此，参数的选择也需要参考具体的问题和经验值。本书中，参数的选择综合考虑了理论结果和实验观察的具体情况，最终调节控制点与节点矢量的两个粒子群算法选择了相同的调优参数（终止条件除外）。

（1）惯性权重 w。研究表明，动态地改变惯性权重会有更好的效果，由一个高值对应一个系统，粒子执行广泛的探索，逐步降低到一个较低的值，系统将更好地导航到最优位置。本书中，设置惯性权重 w 从 0.9 线性减至 0.4，时变的惯性权重 w 公式如下：

$$w = (w_1 + w_2) \times \frac{T-t}{T} + w_2 \quad (5\text{-}14)$$

（2）认知因子 c_1 和社会因子 c_2。Ratnaweera 等人[50]基于人的思维方式，提出了时变的加速因子。在进化开始阶段，设置较小的社会因子和较大的认知因子，个体认知部分所占比重较大，目的是让个体可以在整个搜索空间遍历，防止出现很快聚集到局部最优区域的情况;随着个体信息的共享,到了进化后期,设置社会因子部分占主导地位,使粒子逐渐向全局最优区域靠拢。线性加速因子公式如下:

$$c_1(t) = \left(c_{1f} + c_{1i}\right) \times \frac{T-t}{T} + c_{1i} \quad (5\text{-}15)$$

$$c_2(t) = \left(c_{2f} + c_{2i}\right) \times \frac{T-t}{T} + c_{2i} \quad (5\text{-}16)$$

通过对测试函数的仿真实验发现,认知因子设置为从 2.5 逐渐线性减少至 0.5,社会因子从 0.5 逐渐线性增加至 2.5,能够获得满意的最优解。

(3)粒子数。一般来说,粒子数的增加可以提高精度,但是增加粒子数将增加测试函数的个数,降低了效率。因此,参数的选择必须权衡效率与精度,以获得更好的性能。本书测试了 100~1000 个粒子的不同情况,最终粒子数目设置为 200 个。

(4)终止条件。本书中,为提高粒子群调节的效率与稳定性特设两个终止条件,具体如下。

控制点调节终止条件:连续两次粒子群算法全局最优适应度函数之差小于其收敛精度 S_0 或控制点调节迭代次数 T_0=20。

节点矢量调节终止条件:连续两次粒子群算法全局最优适应度函数之差小于其收敛精度 S_1 或节点矢量调节迭代次数 T_1=20。

2. 适应度函数

(1)控制点调节。根据局部修改性可知,调整控制点 P_0、P_1 影响[0, u_5)区间上的 B 样条曲线形状,如图 5.4 所示。因此,本书选择参数值在[0, u_5)区间内的数据点到曲线 C 投影距离的平方和作为粒子群算法的适应度函数。考虑[0, u_4)区间为控制点 D_0、D_1 共同影响的重点区域,为减小分段点处的拟合误差,提高重构质量,特补充一个适应度函数,将参数值在[0, u_4)区间内的数据点到曲线 C 投影距离的平方和作为第 2 个适应度函数。

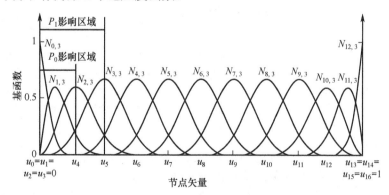

图 5.4　3 次 B 样条曲线基函数与节点矢量关系图

第5章 圆弧特征-样条特征满足 G^1 连续约束的截面数据重构

由于所采用的数据相对理论值符合正态分布,利用最小二乘法拟合得到 B 样条曲线,那么所有数据点对该拟合曲线的逼近误差应服从期望值为 μ、方差为 σ^2 的正态分布 $X \sim N(\mu,\sigma^2)$,其中期望值 μ 应趋于 0。实际上不管采用的数据是否符合正态分布,利用最小二乘法拟合曲线,数据点到曲线误差的累计和应为 0。

由于重构的截面曲线需要在分段点处满足 G^1 连续约束,而在有约束条件下拟合所得的 B 样条曲线,若是提取的分段点不够精确,那么会导致一部分数据点偏向拟合曲线的一侧,从而使自由曲线逼近误差的期望值 $\mu>0$ 或 $\mu<0$。受此性质启发,考虑分段点对截面重构的影响并防止分段点过多偏向圆弧端,本书增加了一个适应度函数:

$$f = \left| \sum_{i=0}^{m} (\boldsymbol{Q} - C) \right| \tag{5-17}$$

式中,$\boldsymbol{Q}=\{Q_0,\cdots,Q_m\}$ 为自由特征采样点;C 为拟合曲线。

(2)节点矢量调节。控制点 P_0、P_1 动态调整一定距离后,初始节点矢量与控制点将不再满足最优组合,进而影响整条 B 样条曲线的形状。因此,调节节点矢量的适应度函数为所有数据点到曲线 C 投影距离的平方和。

5.3.3 算法描述及时间复杂度

1. 算法描述

本书综合考虑 B 样条曲线参数的相互影响,使用粒子群算法交替调节控制点及节点矢量,不断优化重构质量。为提高粒子群调节的效率与稳定性,优化过程中将控制点调节与节点矢量调节进行循环串行处理,其循环终止条件为该循环粒子群算法调节控制点前后的控制点 P_0 距离之差小于其收敛精度 S 或调整循环次数 $T=5$。为清晰展现截面数据高精度重构的整体过程,这里所述算法为截面数据重构整个过程,如图 5.5 所示。

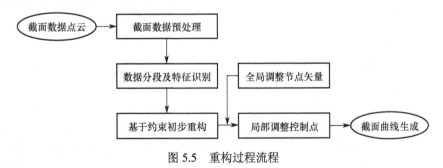

图 5.5 重构过程流程

具体算法如下：

（1）对离散数据点列进行曲率分析，并交互提取初始分段点。

（2）数据分割。交互去除分段点附近的不确定数据，获取单一的圆弧数据和样条数据。

（3）截面数据初步重构。先拟合圆弧，得到圆弧 C；基于边界 G^1 连续约束拟合 B 样条曲线，得到曲线 C_0，获得初始控制点 P 与节点矢量 U。

（4）调整控制点。基于 G^1 连续约束动态调整控制点 P_0、P_1，当控制点 P_0 移动距离大于其阈值 S 或控制点连续调节迭代次数达到 T 时，转步骤（5）；若连续两次粒子群算法全局最优适应度函数之差小于 S_0 或控制点调节迭代次数达到 T_0，转步骤（4）。

（5）调整节点矢量。根据调整后的控制点，利用粒子群算法更新节点矢量 U，优化节点配置，若连续两次粒子群算法全局最优适应度函数之差小于 S_1 或节点矢量调节迭代次数达到 T_1，转步骤（3）。

（6）消去节点。根据误差界 E，将优化后的 B 样条曲线进一步消去节点，从而提高 B 样条曲线的光顺性。

（7）生成曲线。根据调整后的控制点 P' 及节点矢量 U'，拟合 B 样条曲线，得到最终曲线 C_1。

2. 优化过程时间复杂度分析

假设粒子群群体规模为 M，其求解问题维数为 N，则粒子群算法优化各步骤的时间复杂度有如下几种情况：

（1）初始化粒子群。需要对整个种群（M 个粒子）进行初始化，且每个粒子维数为 N，故其初始化过程的时间复杂度为 $O(MN)$。

（2）适应度函数计算。对整个种群分别计算其适应值，而每个适应度函数计算的时间复杂度为 $O(N)$，故其适应度函数计算的时间复杂度为 $O(MN)$。

（3）更新个体最优值。对整个种群更新自身的最优值，时间复杂度为 $O(M)$。

（4）更新全局最优值。从整个种群的个体最优值中选择全局最优值，时间复杂度也为 $O(M)$。

（5）更新速度和位置。对整个种群的每个维度更新速度和位置，时间复杂度为 $O(MN)$。

（6）判断终止条件。时间复杂度为常数。

粒子群优化过程中，步骤（2）～（6）为循环迭代的内部，而且属于串行关系，故其时间复杂度为步骤（2）～（6）中的最大时间复杂度 $O(MN)$。我们假设算法的迭代次数为 T，那么循环步骤（2）～（6）后的时间复杂度为 $O(TMN)$，而粒子群初始化的时间复杂度为 $O(MN)$，且其与循环迭代属于串行关系，因此取其中最大值，故粒子群算法的时间复杂度为 $O(TMN)$。

针对本书利用粒子群算法交替调整控制点和节点矢量进行截面数据的高精度重构，这里需要分别考虑调整控制点及节点矢量的算法时间复杂度。设控制点调整时，粒子数为 M、求解维数为 N_1，总的循环迭代次数为 T_1；设节点矢量调整时，粒子数为 M、维数为 N_2，总的循环迭代次数为 T_2。因此，该算法的时间复杂度为 $O[(T_1N_1+T_2N_2)M]$。

5.4 G^1 连续约束高精度重构实例分析

为了进一步验证本文提出的基于 G^1 连续截面数据高精度重构方法的可行性与有效性，下面给出两组实例与现有方法进行对比。这里参与比较的方法有3种：工程中常用的分步重构法、浙江大学刘云峰[34]提出的整体重构法、本书提出的方法。这里每组实例的数据源包含两种：一种是理论的离散数据（已知理论模型），另一种是在已知理论模型的离散数据中加入高斯噪声的离散数据。为了更加准确地进行方法对比，3种方法的数据源相同，初始分段点相同。

为了更好地判别重构结果是否能更好地捕捉设计意图，这里参与对比的主要包括：分段点的提取误差 ε_d、控制点个数 n 及重构精度。判别重构精度的项目包括：数据点列到重构B样条曲线的最大距离误差 ε_m 及平均距离误差 ε_w，移动控制点 P_0、P_1 影响的区间内数据点的平均距离误差 ε_l 及数据点的离散程度 σ_l。

5.4.1 基于 G^1 连续约束的直线与B样条曲线重构

图5.6（a）为利用UG NX 8.5对理论截面曲线进行离散后获得的理论离散数据点，共有100个数据点，采样密度 $D=0.05\text{mm}$，其理论分段点坐标为（1.00000，4.00000）。

图5.6是3种重构方法对理论离散数据进行重构的结果，图5.6（c）是重构结果局部放大图。3种方法重构所获得的分段点坐标及其与理论分段点的距离误差分别为：分步重构法提取的分段点坐标为（1.01210，4.04839），距离误差为0.04988mm；整体重构法提取的分段点坐标为（1.01480，4.05695），距离误差为0.05884mm；本书方法提取的分段点坐标为（1.00072，4.00287），距离误差为0.00296mm。由此可知，在分段点提取精度方面本书方法精度更高。

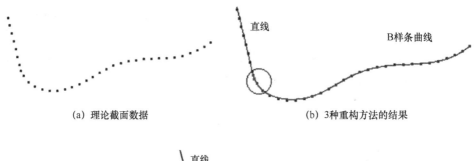

(a) 理论截面数据　　　　　　　　(b) 3种重构方法的结果

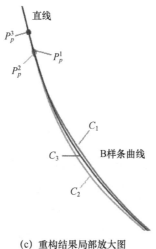

(c) 重构结果局部放大图

图 5.6　理论离散数据的重构

表 5.1 给出了 3 种方法重构后控制点的个数及重构精度。由表可知，分步重构法在分段点附近的重构误差比其他方法大很多，而且该方法在评判精度的 4 个指标上都处于劣势；整体重构法重构截面曲线的平均距离误差比其他两个方法精度高，但控制点个数较多；本书所提方法在离散程度及最大距离误差方面略有优势。

表 5.1　理论离散数据的重构结果分析　　　　　　　　（单位：mm）

方　法	n	P_p	ε_d	ε_l	σ_l	ε_w	ε_m
分步重构法	11	(1.01210, 4.04839)	0.04988	0.00349	1.22×10^{-5}	0.00428	0.00963
整体重构法	13	(1.01480, 4.05695)	0.05884	0.00075	5.60×10^{-7}	0.00075	0.00336
本书方法	11	(1.00072, 4.00287)	0.00296	0.00062	3.79×10^{-7}	0.00187	0.00286

综合分段点提取误差、控制点个数及重构精度来看，本书所提方法能找寻到高精度分段点，保证了重构曲线的整体质量，较其他两种方法更优。

图 5.7 是 3 种重构方法对含噪声的离散数据进行重构的结果,其中图 5.7 (a) 为在图 5.6 (a) 模拟数据中加入 0.005mm 高斯噪声的截面数据,图 5.7 (c) 是重构结果局部放大图。3 种方法重构获得的分段点坐标及其与理论分段点的距离误差分别为:分步重构法提取的分段点坐标为 (1.01483, 4.05931),距离误差为 0.06114mm;整体重构法提取的分段点坐标为 (1.01654, 4.06413),距离误差为 0.06623mm;本书方法提取的分段点坐标为 (0.99948, 3.99793),距离误差为 0.00213mm。由此可知,在分段点提取精度方面本书方法精度更高。

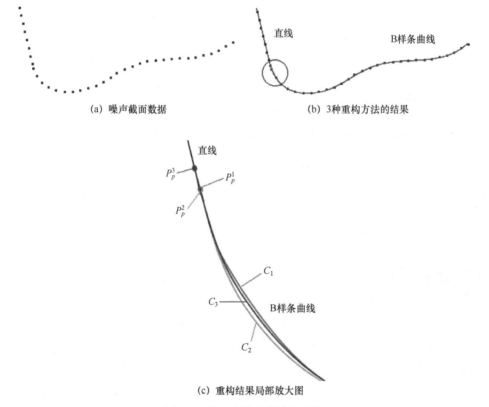

图 5.7 带噪声的离散数据重构

表 5.2 给出了 3 种方法重构后控制点的个数及重构精度。由表可知,分步重构法在分段点附近的重构误差比其他方法大很多,而且该方法在评判精度的 4 个指标上都处于劣势;整体重构法重构截面曲线的平均距离误差比其他两个方法精度高且离散程度更优,但控制点个数最多;本书所提方法,最大距离误差方面略有优势,在分段点附近的重构误差及离散程度上略逊于整体重构法,但控制点个

数比整体重构法少很多，且为 3 种方法中最少的。

表 5.2　带噪声的离散数据重构结果分析　　　　　（单位：mm）

方　法	n	P_p	ε_d	ε_l	σ_l	ε_w	ε_m
分步重构法	16	（1.01483, 4.05931）	0.06114	0.00803	6.44×10^{-5}	0.00591	0.01347
整体重构法	22	（1.01654, 4.06413）	0.06623	0.00314	9.85×10^{-6}	0.00366	0.01077
本书方法	15	（0.99948, 3.99793）	0.00213	0.00398	1.59×10^{-5}	0.00461	0.00763

综合分段点提取误差、控制点个数及重构精度来看，本书所提方法能找寻到高精度分段点，保证了重构曲线的整体质量，较其他两种方法更优。

可以看出，无论是对于理论数据还是对于带噪声的数据，本书提出的改进重构法都能很好地捕捉精确分段点，提高截面曲线的重构质量，使整个截面曲线的重构结果更加符合初始设计意图。

5.4.2　基于 G^1 连续约束的圆弧与 B 样条曲线重构

图 5.8 为利用 UG NX 8.5 对理论截面曲线进行离散后获得的理论离散数据点，共有 150 个数据点（其中 110 个为自由曲线特征），采样密度 $D=0.08$mm，理论分段点为（2.00000, 5.00000）。通过曲率估算法求得初始分段点为（2.05370, 5.02596），与理论分段点的距离误差为 0.05965mm。

图 5.8 是 3 种重构方法对理论离散数据进行重构的结果，图 5.8（b）是重构结果局部放大图。3 种方法重构所获得的分段点的坐标及其与理论分段点的距离误差分别为：分步重构法提取的分段点坐标为（2.05511, 5.02662），距离误差为 0.06120mm；整体重构法提取的分段点坐标为（1.96132, 4.98019），距离误差为 0.04346mm；本书方法提取的分段点坐标为（1.99392, 4.99695），距离误差为 0.00529mm。由此可知，在分段点提取精度方面本书方法精度更高。

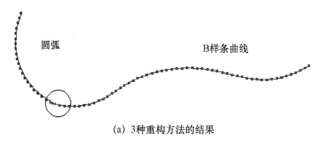

(a) 3 种重构方法的结果

图 5.8　理论截面数据重构

第5章 圆弧特征-样条特征满足 G^1 连续约束的截面数据重构

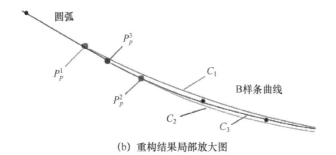

(b) 重构结果局部放大图

图 5.8 理论截面数据重构（续）

表 5.3 给出了 3 种方法重构后控制点的个数及重构精度。由表可知，分步重构法在分段点附近的重构误差比其他方法大很多，而且该方法在评判精度的 4 个指标上都处于劣势；整体重构法重构截面曲线的精度与本书所提方法相差不大，但整体重构法的控制点个数较多。

表 5.3 理论离散数据的重构结果分析　　　　（单位：mm）

方　法	n	P_p	ε_d	ε_l	σ_l	ε_w	ε_m
分步重构法	12	(2.05511, 5.02662)	0.06120	0.00305	1.29×10^{-6}	0.00278	0.00394
整体重构法	15	(1.96132, 4.98019)	0.04346	0.00234	9.40×10^{-7}	0.00218	0.00313
本书方法	12	(1.99392, 4.99695)	0.00529	0.00149	6.04×10^{-7}	0.00143	0.00252

综合分段点提取误差、控制点个数及重构精度来看，本书所提方法能找寻到高精度分段点，保证了重构曲线的整体质量，较其他两种方法更优。

图 5.9 是 3 种重构方法对带噪声离散数据进行重构的结果，其中图 5.9（a）为在图 5.8（a）模拟数据中加入 0.005mm 高斯噪声的截面数据，图 5.9（b）为重构结果局部放大图。由于噪声的存在，因此求得初始分段点与理论分段点偏离较远，为 (2.13239, 5.06962)，与理论分段点距离误差为 0.14957mm。3 种方法重构所获得的分段点的坐标及其与理论分段点的距离误差分别为：分步重构法提取的分段点坐标为 (2.13941, 5.05513)，距离误差为 0.14991mm；整体重构法提取的分段点坐标为 (1.89057, 4.94143)，距离误差为 0.12412mm；本书方法提取的分段点坐标为 (2.00314, 5.00157)，距离误差为 0.00351mm。由此可知，在分段点提取精度方面本书方法精度更高。

表 5.4 给出了 3 种方法重构后控制点的个数及重构精度。由表可知，分步重构法在分段点附近的重构误差比其他方法大很多，而且该方法在评判精度的 4 个指标上都处于劣势；整体重构法重构的整体截面曲线的精度与本书所提方法相差不大，但在局部精度和离散程度上本书方法更好，且整体重构法的控制点个数较多。

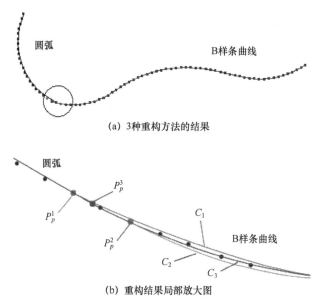

(a) 3种重构方法的结果

(b) 重构结果局部放大图

图 5.9　带噪声的截面数据分段及重构

表 5.4　噪声离散数据的重构结果分析　　　（单位：mm）

方　法	n	P_p	ε_d	ε_l	σ_l	ε_w	ε_m
分步重构法	18	(2.13941, 5.05513)	0.14991	0.01289	1.73×10^{-3}	0.00441	0.03846
整体重构法	25	(1.89057, 4.94143)	0.12412	0.00605	9.47×10^{-6}	0.00445	0.01205
本书方法	18	(1.99392, 4.99695)	0.00351	0.00335	4.54×10^{-6}	0.00413	0.01155

综合分段点提取误差、控制点个数及重构精度来看，本书所提方法能找寻到高精度分段点，保证了重构曲线的整体质量，较其他两种方法更优。

可以看出：无论对于理论数据还是带噪声数据，本书提出的改进重构法都能很好地捕捉精确分段点，提高截面曲线的重构质量，使整个截面曲线的重构结果更加符合初始设计意图。

5.5　本章小结

本章通过目前最常用的分步重构法，分析了分段点对截面重构的影响及影响原因，讨论了提取精确分段点的重要性。进而给出了基于粒子群算法的动态优化方案，旨在通过找寻精确分段点，提高截面曲线的重构质量。

在粒子群优化过程中，根据 B 样条曲线相邻直线、圆弧特征的性质不同，进行了一定的区分。书中分析了控制点调整后,节点矢量更新的必要性。因此,在初步重构的基础上,利用粒子群算法交替调整控制点和节点矢量。在动态优化过程中,将特征间的约束条件融合到调整过程中,既保证了约束条件,减少了参数,同时也提高了算法的稳定性。

最后,分别通过直线与 B 样条曲线、圆弧与 B 样条曲线的重构实例,分析了 3 种重构方法的重构质量。实例证明,本书所提方法能够提取到精确分段点,同时提高重构曲线的质量,很好地还原产品模型的初始设计意图。

第6章
圆弧特征-样条特征满足G^2连续约束的截面数据重构

摘要：针对G^2连续截面数据重构，由于其约束为非线性条件，可通过非线性问题线性化求解，但这种方法比较复杂，容易产生拟合失败的情况。本书另辟蹊径采用逐步添加约束的思想，进行截面数据初步重构，提出了G^2连续约束添加最优化模型。首先对截面数据进行基于G^1连续截面数据重构，根据G^2连续约束添加最优化模型插入最优节点，微调控制点，从而既满足G^2连续约束条件又能保证截面数据重构质量。然后基于上述重构结果，采用添加边界G^2连续约束条件的粒子群算法找寻精确分段点，提高截面重构质量。

● 6.1 引言

随着航空航天及汽车行业的快速发展，现代产品造型充分考虑空气动力学与美学要求，对产品曲面质量要求越来越高，如A级曲面。以汽车车身外表面设计为例，逆向建模是产品研发的主流形式，逆向建模的精度高低对车身曲面重构质量有重要影响，而对特征的划分又是逆向建模过程中的重要一步。因此，在产品设计中，截面曲线或曲面间实现光滑拼接是非常重要的，特征间边界G^1连续约束已经不能满足产品需求，边界G^2连续约束成为工程中必不可少的条件。

文献[51-57]研究了B样条曲线之间边界G^2连续约束的平滑过渡问题，获得了较好的整体光顺效果，但并没有考虑特征分段对重构的影响。在实际的逆向重构中，难以同时保证边界G^2连续约束与重构精度。在重构过程中，将初步拟合曲线的曲率图显示出来，一面调整控制点，一面观看曲率图以判断其光顺性，并考虑其重构精度。如此反复不断地调整，花费逆向工程师的大量精力，效率低下。

如何在添加边界G^2连续约束条件的同时，又能保证B样条曲线重构质量一直是研究的难点。第 5 章提出了基于粒子群算法的截面数据动态优化,提取精确分段点,在满足约束的同时,提高重构质量。考虑到粒子群可以解决多维优化问题,可在粒子群中添加 G^2 连续约束条件,并将重构过程加以改进,如此完成截面数据重构的自动化和高精度化。

6.2 基于 G^2 连续约束的截面数据重构

将第 3 章的重构思路稍加改进,可通过基于粒子群算法解决 G^2 连续约束问题。对于直线与 B 样条曲线的截面数据重构,由于 G^2 连续约束是线性的,可完全按照第 3 章的重构方法解决,本章不再赘述。对于圆弧与 B 样条曲线的 G^2 连续约束问题,由于约束是非线性的,重构较为复杂。本节将重点介绍圆弧与 B 样条曲线的截面数据高精度重构。

6.2.1 特征间 G^2 连续约束表达

特征间 G^2 连续边界约束除满足边界 G^1 连续约束条件外,还需要满足边界曲率相等,即相同端点、共同切线、相等曲率。

根据圆弧性质可知,圆弧的曲率为:

$$K_A = \frac{1}{R} = |2c_0| \tag{6-1}$$

根据 B 样条曲线定义可知特征间 G^2 连续约束表达,在端点处有:

$$\boldsymbol{C}^{(2)}(0) = \frac{p-1}{u_{p+1}-u_2}\left[\frac{p}{u_{p+2}-u_2}(\boldsymbol{P}_2-\boldsymbol{P}_1)+\frac{p}{u_{p+1}-u_1}(\boldsymbol{P}_1-\boldsymbol{P}_0)\right] \tag{6-2}$$

根据曲线的曲率公式,B 样条曲线端点处的曲率为:

$$K_B = \frac{\left|\boldsymbol{C}^{(1)}(0)\times\boldsymbol{C}^{(2)}(0)\right|}{\left|\boldsymbol{C}^{(1)}(0)\right|^3}$$

$$= \frac{\left|\left(\dfrac{p}{u_{p+1}}(\boldsymbol{P}_1-\boldsymbol{P}_0)\right)\times\dfrac{p-1}{u_{p+1}-u_2}\left[\dfrac{p}{u_{p+2}-u_2}(\boldsymbol{P}_2-\boldsymbol{P})+\dfrac{p}{u_{p+1}-u_1}(\boldsymbol{P}_1-\boldsymbol{P}_0)\right]\right|}{\left|\dfrac{p}{u_{p+1}}(\boldsymbol{P}_1-\boldsymbol{P}_0)\right|^3}$$

$$= \frac{(p-1)u_{p+1}^2}{p(u_{p+1}-u_2)(u_{p+2}-u_2)} \cdot \frac{(\boldsymbol{P}_1-\boldsymbol{P}_0)\times(\boldsymbol{P}_2-\boldsymbol{P}_1)}{|(\boldsymbol{P}_1-\boldsymbol{P}_0)|^3} \tag{6-3}$$

设控制点 $\boldsymbol{P}_1$ 与 $\boldsymbol{P}_0$ 的代数距离为 a，控制点 $\boldsymbol{P}_2$ 到直线 P_0P_1 的投影距离为 h，则式（6-3）可转化为：

$$K_B = \frac{(p-1)u_{p+1}^2 h}{p(u_{p+1}-u_2)(u_{p+2}-u_2)a^2} \tag{6-4}$$

根据曲率相等有 $K_A = K_B$，即：

$$|2c_0| = \frac{(p-1)u_{p+1}^2 h}{p(u_{p+1}-u_2)(u_{p+2}-u_2)a^2} \tag{6-5}$$

可转化为：

$$h = \frac{2p|c_0|(u_{p+1}-u_2)(u_{p+2}-u_2)a^2}{(p-1)u_{p+1}^2} \tag{6-6}$$

因此，圆弧与 B 样条曲线 G^2 连续约束条件（见图 6.1）为：

$$\begin{cases} d(\boldsymbol{P}_0 - A) = 0 \\ d(\boldsymbol{P}_1 - L) = 0 \\ d(\boldsymbol{P}_2 - L_1) = 0 \end{cases} \tag{6-7}$$

式中，A 为圆弧特征；$\boldsymbol{P}$ 为 B 样条曲线的控制点；L 为圆弧在 P_0 点处的切线；L_1 为与直线 L 相距 h 的平行线。

$$h = \frac{2p|c_0|(u_{p+1}-u_2)(u_{p+2}-u_2)|\boldsymbol{P}_1-\boldsymbol{P}_0|^2}{(p-1)u_{p+1}^2} \tag{6-8}$$

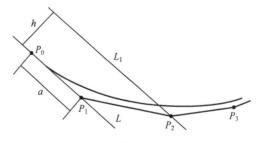

图 6.1 G^2 连续约束条件

由于本节中自由特征采用 3 次 B 样条曲线表达,因此,圆弧与 B 样条曲线连接处曲率相等,式（6-8）可化简为:

$$h = \frac{3|c_0|u_5 a^2}{u_4} \quad (6\text{-}9)$$

6.2.2 基于边界 G^2 连续约束的截面数据重构研究

由于 G^2 连续约束为非线性约束,可通过非线性问题线性化后进行迭代求解,但这种方法较为烦琐,且稳定性较差。由于粒子群算法优化过程中可以直接添加 G^2 连续约束,因此,为简化重构过程,这里我们先基于 G^1 连续约束初步重构截面数据,然后基于粒子群算法添加 G^2 连续约束,进行高精度重构。通过大量实例验证,该思路能够很好地解决大多数 G^2 连续截面的数据重构,能够捕捉精确分段点。但是,仍然会有少部分重构情况,如图 6.2 所示。

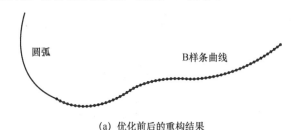

(a) 优化前后的重构结果

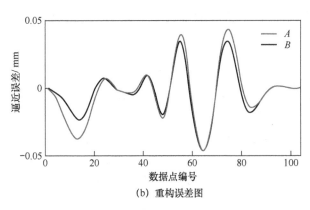

(b) 重构误差图

图 6.2 重构结果分析

图 6.2 中,B 为粒子群优化前的重构曲线,A 为优化后的重构曲线。对比分析可知,重构曲线在分段点附近使用粒子群算法优化,仍然无法获得一个好的结果。前文分析了,我们采用在误差界内控制点数据由多到少,获得控制点的数据最少。

直接添加边界曲率连续约束时,控制点数目往往无法满足 B 样条曲线的逼近误差,在分段点附近产生变形。因此,产生上述情况的原因就是控制点过少。

如何在添加边界 G^2 连续约束条件的同时,又能保证 B 样条曲线重构质量一直是研究的难点。对于特征间约束的保证,主要有两种思路:①直接将 G^2 约束问题线性无约束化,但这种方法比较复杂,耗时长;②逐步满足约束,先满足 G^1 连续约束,再通过一定的处理让其满足 G^2 连续约束。本书采用逐步满足约束的思想,基于 G^1 连续约束重构的结果,根据 G^2 连续约束添加最优化模型调整 B 样条曲线参数,使其满足 G^2 连续约束条件。

6.2.3 G^2 连续约束添加最优化模型建立

受 Bézier 曲线割角性质的启发,为保证重构质量与约束条件,本书根据 G^2 连续约束条件,提出数学模型获取最优的插入节点。在 G^1 连续约束的基础上,插入最优节点,微调控制点,从而既满足 G^2 连续约束条件又能保证截面数据重构质量。这里,为便于分析,仅以 B 样条曲线一端约束问题为分析对象。

1. 节点插入

B 样条曲线插入节点实质上是对矢量空间基底的改变,并不改变曲线的形状,而曲线在集合和参数化方面均不发生改变。根据 B 样条曲线节点与控制点的关系,插入节点牵扯局部的控制点,同时会增加控制点个数,从而提高形状控制的灵活性。假设插入节点前,定义在节点矢量 $\boldsymbol{U} = \{\underbrace{0,\cdots,0}_{p+1}, U_{p+1},\cdots,U_n, \underbrace{1,\cdots,1}_{p+1}\}$ 的 B 样条曲线为:

$$C(u) = \sum_{i=0}^{n} N_{i,p}(u) \boldsymbol{P}_i \tag{6-10}$$

若在曲线定义域的某个节点区间内插入一个节点 $\bar{u} \in [U_k, U_{k+1}] \subset [U_p, U_{n+1}]$,可得到新的节点矢量 $\bar{\boldsymbol{U}} = \{\underbrace{0,\cdots,0}_{p+1}, \bar{U}_{p+1},\cdots,\bar{U}_{n+1}, \underbrace{1,\cdots,1}_{p+1}\} = \{\underbrace{0,\cdots,0}_{p+1}, \cdots, U_k, \bar{u}, U_{k+1}, \cdots,$

$\underbrace{1,\cdots,1}_{p+1}\}$,节点矢量的更改将影响 B 样条曲线基函数,新的节点矢量 $\bar{\boldsymbol{U}}$ 决定了新的 B 样条曲线基函数 $\bar{N}_{i,p}(u)$。根据节点插入前后,B 样条曲线不发生形变的属性可知,原来的 B 样条曲线就可以用这组新的 B 样条曲线基函数与位置新控制点 $\boldsymbol{D}$ 表示为：

$$C(u) = \sum_{i=0}^{n+1} \bar{N}_{i,p}(u) \boldsymbol{D}_i \tag{6-11}$$

如图 6.3 所示，插入节点前后的控制点具有如下关系：

$$\begin{cases} \boldsymbol{D}_{k-p} = \boldsymbol{P}_{k-p} \\ \boldsymbol{D}_i = \alpha_i \boldsymbol{P}_i + (1-\alpha_i) \boldsymbol{P}_{i-1}, \ i = k-p+1,\cdots,k \\ \boldsymbol{D}_{k+1} = \boldsymbol{P}_k \end{cases} \tag{6-12}$$

式中，$\alpha_i = \dfrac{\bar{u} - U_i}{U_{i+3} - U_i}$。

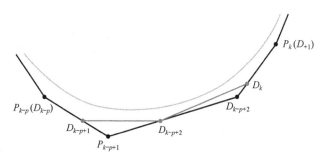

图 6.3 节点插入后控制点变化情况

如上文分析，关系边界 G^2 连续约束的参数为控制点 $\boldsymbol{P}_0$、$\boldsymbol{P}_1$、$\boldsymbol{P}_2$ 和节点 U_4、U_5，若要插入节点影响约束条件参数，则该节点 $\bar{u}$ 需要满足条件：$0 < \bar{u} \leqslant U_5$。为使条件方便满足 G^2 连续约束并减少影响 B 样条曲线的区域，本书基于边界 G^1 连续约束插入节点 $\bar{u}$，其中节点 $\bar{u}$ 满足 $0 < \bar{u} \leqslant U_4$，节点插入后新的节点矢量 $\bar{U}$ 与原节点矢量 U 满足如下关系：

$$\begin{cases} \bar{U}_4 = \bar{u} \\ \bar{U}_{i+1} = U_i, \ i = p+1,\cdots,n \end{cases} \tag{6-13}$$

即，得到新的节点矢量 $\bar{U} = \{\underbrace{0,\cdots,0}_{4}, \bar{U}_4,\cdots,\bar{U}_{n+1}, \underbrace{1,\cdots,1}_{4}\} = \{\underbrace{0,\cdots,0}_{4}, \bar{u}, U_4,\cdots,U_n, \underbrace{1,\cdots,1}_{4}\}$，根据式（6-12）插入节点 $\bar{u}$，控制点变化如下：

$$\begin{cases} \boldsymbol{D}_0 = \boldsymbol{P}_0 \\ \boldsymbol{D}_1 = \dfrac{\overline{u}}{U_4}\boldsymbol{P}_1 + \left(1 - \dfrac{\overline{u}}{U_4}\right)\boldsymbol{P}_0 \\ \boldsymbol{D}_2 = \dfrac{\overline{u}}{U_5}\boldsymbol{P}_2 + \left(1 - \dfrac{\overline{u}}{U_5}\right)\boldsymbol{P}_1 \\ \boldsymbol{D}_3 = \dfrac{\overline{u}}{U_6}\boldsymbol{P}_3 + \left(1 - \dfrac{\overline{u}}{U_6}\right)\boldsymbol{P}_2 \\ \boldsymbol{D}_{i+1} = \boldsymbol{P}_i,\ i = 3,4,\cdots,n \end{cases} \quad (6\text{-}14)$$

此时，插入节点后的曲线形状不发生改变，且 B 样条曲线在集合和参数化方面不发生改变，依然满足且仅满足 G^1 连续约束条件。

2. 调整控制点

根据式（6-8）可知，为使曲线严格满足 G^2 连续约束条件，可微调控制点 $\boldsymbol{D}_1$ 或 $\boldsymbol{D}_2$。设移动后的控制点为 $\overline{\boldsymbol{D}}$，根据曲率相等公式可知：

$$d(\overline{\boldsymbol{D}}_2 - L) = \dfrac{3|c_0|\overline{U}_5|\overline{\boldsymbol{D}}_1 - \overline{\boldsymbol{D}}_0|^2}{\overline{U}_4} = \dfrac{3|c_0|U_4|\overline{\boldsymbol{D}}_1 - \overline{\boldsymbol{D}}_0|^2}{\overline{u}} \quad (6\text{-}15)$$

根据 B 样条曲线的局部修改性可知，调整控制点 $\boldsymbol{D}_1$ 比调整 $\boldsymbol{D}_2$ 影响的区间更小。因此，本书调整 $\boldsymbol{D}_1$ 以满足边界 G^2 连续约束，具体调整方案如下。

假设控制点 $\boldsymbol{D}_2$ 到分段点处切线 L 的投影距离为 $\overline{d} = d(\boldsymbol{D}_2 - L)$，将控制点 $\boldsymbol{D}_1$ 在圆弧上 $\boldsymbol{D}_0$ 点处的切线 L 向上移动，使其满足 $|\overline{\boldsymbol{D}}_1 - \boldsymbol{D}_0| = \sqrt{\dfrac{\overline{u}\overline{d}}{3|c_0|U_4}}$，如图 6.4 所示。

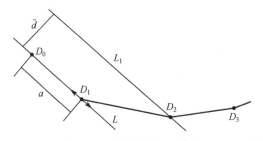

图 6.4 调整控制点 $\boldsymbol{D}_1$ 方案

假设调整控制点 $\boldsymbol{D}_1$，调整后的新控制点为 $\overline{\boldsymbol{D}}_1$，用 $\boldsymbol{V} = \overline{\boldsymbol{D}}_1 - \boldsymbol{D}_1$ 表示平移矢量，则新的曲线 $\hat{\boldsymbol{C}}(u)$ 可由式（6-16）给出：

第6章 圆弧特征-样条特征满足 G^2 连续约束的截面数据重构

$$\hat{C}(u) = \sum_{i=0}^{n+1} \bar{N}_{i,3}(u)\bar{D}_i = C(u) + \bar{N}_{1,3}(u)V \tag{6-16}$$

式（6-16）表达了对曲线上位于区间 $u \in [\bar{U}_1, \bar{U}_5)$ 内的点 $C(u)$ 的平行移动，该区间外所有曲线上的点受影响。为了尽可能减少控制点移动带来的误差，我们选择调整后曲线平移最大误差 $\left|\hat{C}(u) - C(u)\right|_{max} = \left|\bar{N}_{1,3}(u)V\right|_{max}$ 最小的方案。

6.2.4 建立求解模型

为寻找最优插入节点，根据上述 G^2 连续约束条件添加过程，建立如下数学模型：
目标函数：

$$\min f(\bar{u}) = \sum_{i=0}^{m}\left[\hat{C}(u) - C(u)\right]^2 = \sum_{i=0}^{n}\left[\bar{N}_{1,3}(\tilde{u}_i)(\bar{D}_1 - D_1)\right]^2$$
$$\text{s.t.} \quad 0 < \bar{u} \leq U_4 \tag{6-17}$$

式中，D_1 为 B 样条曲线的第 2 个控制点；$\bar{D}_1$ 为 D_1 移动后的控制点；$\bar{N}_{1,3}(u)$ 为 D_1 移动后曲线的第 2 个 3 次 B 样条曲线基函数；$\tilde{u}_i$ 为二维数据点 Q_i 对应的 B 样条曲线参数化值。

插入上述模型求解的最优节点，并移动控制点，使其满足边界 G^2 连续约束条件。由于该过程插入的节点为最优节点，移动控制点 D_1 对曲线的影响较小，对整条 B 样条曲线影响不大，为下文高精度重构过程奠定了良好的基础。

在满足边界 G^2 连续约束条件后，根据第 5 章粒子群算法动态优化的方法，找寻精确分段点，提高截面重构精度。整个重构过程均无须人工交互，提高了截面数据重构的精度与效率，很好地解决了边界 G^2 连续约束重构的问题。

6.3 G^2 连续约束高精度重构实例分析

为了进一步验证本书提出的基于 G^2 连续截面数据高精度重构方法的可行性与有效性，下面给出实例与现有方法进行对比。由于浙江大学柯映林研究团队并未基于 G^2 连续约束进行截面重构，因此这里参与比较的方法有两种：工程中常用的分步重构法和本书提出的方法。实例的数据源包含两种：一种是理论的离散数据（已知理论模型）；另一种是在已知理论模型的离散数据中加入高斯噪声的离散数据。为了更加准确地进行方法对比，两种方法的数据源相同，初始分段点相同。

为了更好地判别重构结果是否能更好地捕捉设计意图，这里参与对比的主要包括：分段点的提取误差（ε_d）、控制点个数（n）及重构的精度。判别重构精度的项目包括：数据点列到重构 B 样条曲线的最大距离误差 ε_m 及平均距离误差 ε_w，参数化值在区间$[u_0, u_6)$内所有数据点的平均距离误差 ε_l 及数据点的离散程度 σ_l。

图 6.5 为利用 UG NX 8.5 对理论截面曲线进行离散后获得的理论离散数据点，共有 150 个数据点（其中 112 个为自由曲线特征），采样密度 D=0.08mm，理论分段点为（2.00000, 5.00000）。由于采用理论数据，容易通过曲率估算法得到理论分段点所在区间，并求得初始分段点为（2.12085, 5.04858），与理论分段点距离误差为 0.13024mm。

图 6.5 是两种重构方法对理论离散数据进行重构的结果，图 6.5（b）是重构结果局部放大图。两种方法重构所获得的分段点坐标及其与理论分段点的距离误差分别为：分步重构法提取的分段点坐标为（2.11526, 5.06102），距离误差为 0.13042mm；本书方法提取的分段点坐标为（1.99392, 4.99695），距离误差为 0.00680mm。由此可知，在分段点提取精度方面本书方法精度更高。

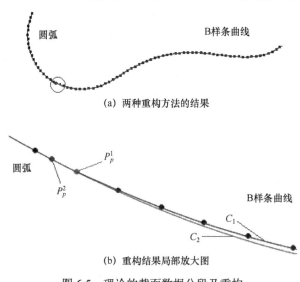

图 6.5 理论的截面数据分段及重构

表 6.1 给出了两种方法重构后控制点的个数及重构精度。由表可知，分步重构法在分段点附近的重构误差比其他方法大很多，而且该方法在评判精度的 4 个指标上都处于劣势；本书方法重构的截面曲线精度较高，而且控制点个数一致。

第6章 圆弧特征-样条特征满足 G^2 连续约束的截面数据重构

表6.1 理论离散数据的重构结果分析 （单位：mm）

方法	n	P_p	ε_d	ε_l	σ_l	ε_m	ε_w
分步重构法	12	(2.11526, 5.06102)	0.13042	0.00164	2.19×10^{-6}	0.00442	0.00116
本书方法	12	(1.99392, 4.99695)	0.00680	0.00055	2.37×10^{-7}	0.00165	0.00077

综合分段点提取误差、控制点个数及重构精度来看，本书所提方法能找寻到高精度分段点，保证了重构曲线的整体质量，较分步重构方法更优。

图6.6是两种重构方法对带噪声离散数据进行重构的结果，其中图6.6（a）为在图6.5（a）模拟数据中加入0.005mm高斯噪声的截面数据，图6.6（b）是重构结果局部放大图。由于噪声的存在，且该模型满足边界 G^2 连续约束，因此采用曲率估算法得到的分段点所在区间较理论数据大，最终确定初始分段点为(2.28529, 5.08171)，与理论分段点的距离误差为0.29676mm。两种方法重构所获得的分段点坐标及其与理论分段点的距离误差分别为：分步重构法提取的分段点坐标为(2.26215, 5.14855)，距离误差为0.30131mm；本书方法提取的分段点坐标为(1.99473, 4.99736)，距离误差为0.00589mm。由此可知，在分段点提取精度方面，本书方法比分步重构法提取的分段点高很多。

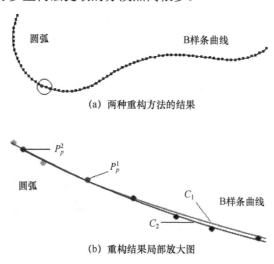

(a) 两种重构方法的结果

(b) 重构结果局部放大图

图6.6 带噪声的截面数据分段及重构

表6.2给出了两种方法重构后控制点的个数及重构精度。由表可知，分步重构法在分段点附近的重构误差比其他方法大很多，而且该方法在评判精度的4个指标上都处于劣势；虽然本书方法的控制点比分步重构法的多一个，但无论在局

部重构精度上,还是在整体重构精度上都比分步重构法优越很多。

表 6.2 噪声离散数据的重构结果分析　　　　　　(单位: mm)

方　法	n	P_p	ε_d	ε_l	σ_l	ε_m	ε_w
分布重构法	17	(2.26215, 5.14855)	0.30131	0.01610	1.91×10^{-5}	0.00756	0.00446
本书方法	18	(1.99473, 4.99736)	0.00589	0.01178	8.22×10^{-6}	0.00400	0.00362

综合分段点提取误差、控制点个数及重构精度来看,本书所提方法能找寻到高精度分段点,保证了重构曲线的整体质量。

可以看出,无论对于理论数据还是对于带噪声的数据,本书提出的改进重构法都能很好地捕捉精确分段点,提高截面曲线的重构质量,使整个截面曲线的重构结果更加符合初始设计意图。

6.4 本章小结

本章推导了圆弧与 B 样条曲线间 G^2 连续约束条件,找到了约束条件的一些性质,为 G^2 连续约束的添加提供了条件。同时,也分析了基于粒子群算法动态优化对 G^2 连续约束的适用性。针对重构过程中控制点个数过少的情况,提出了 G^2 连续约束添加最优化模型,通过插入一个最优节点,并根据约束条件调整控制点,即可满足边界 G^2 连续约束,由于调整距离较小,较好地保证了截面曲线质量。

G^2 连续约束的整个高精度重构过程,基于逐步添加边界约束的思路:首先基于边界 G^1 连续约束进行截面数据重构,再添加 G^2 连续边界约束。首先进行圆弧、自由特征的 G^1 连续约束重构;基于边界 G^1 连续约束在自由特征中插入节点,以保证 G^2 连续边界约束,提出数学模型以获取最优的插入节点;再通过找寻精确分段点进行截面数据的高精度重构。

最后,通过圆弧与 B 样条曲线的重构实例,分析了本书所提重构方法的重构效果。实例证明,本书所提方法更具稳定性,能够提取到精确分段点,同时提高重构曲线的质量,很好地还原产品模型的初始设计意图。整个调整过程无须人工交互,提高了重构的效率,具有很好的应用价值。

第 7 章
基于二维搜索的截面数据重构

摘要：本章提出一种基于二维搜索的截面数据重构方法。通过对截面数据进行曲率分析，找出理论分段点所在的大致区域。利用离散变量型普通网格法将此区域网格化，再将所有网格节点当作候选分段点。对每一网格节点，先重构过该网格节点的自由度小的直线（圆弧）特征，再重构自由曲线，重构的自由曲线满足与直线（圆弧）特征在连接处 G^1 连续约束，且端点插值该网格节点。统计不同网格节点下，数据点到曲线的逼近总误差和自由特征的控制点数，并据此动态找寻最优分段点。最终以最优分段点为界，重构满足边界约束信息的截面特征。

7.1 引言

先重构自由度较小的直线和圆弧，再基于 G^1 连续约束条件重构较复杂的 B 样条曲线。这种方法虽然简单，易于操作，但是 B 样条曲线的重构精度受事先重构的直线（圆弧）影响较大。受 3.1 节中情况 2 启发，如果自由曲线的第 1 个点插值分段点，其余点做逼近处理，那么求解出来的切点就是这个提取出来的分段点，既然如此，要是提取的分段点就是理论切点，问题就迎刃而解了。本书另辟蹊径，不是将采集到的数据点中的某个点提取为数据点，而是网格化目标区域，将所有节点当作候选分段点，再选出最优分段点。而且对于直线与 B 样条曲线，在每个候选分段点处施加 G^1 连续约束条件，G^1 连续约束方程是线性的；对于圆弧与 B 样条曲线，在每个候选分段点处施加 G^1 连续约束条件，由于候选切点（候选分段点）已知，G^1 连续约束方程是由非线性的转化成线性的。

7.2 基于网格法的截面数据最优化重构

首先，对所有数据点进行离散曲率分析，找出理论切点所在的大致区域；然后，利用离散变量型普通网格法，提高搜索效率，将此区域由疏到密、由大到小地网格化，找寻出最优分段点；最后，依据此点，最终重构截面曲线。如图 7.1 所示，假设可以判定理论切点 P 在数据点 Q 和 P' 之间，那么就将 Q 点作为网格的左上角，P' 点作为网格的右下角，以网格间距 D^1，将此区域网格化；将所有的节点当作候选理论切点，进行截面数据重构，找出当前网格划分下最合适的候选理论切点，再以当前网格节点为中心（假设为 P^1 节点），D^2 为网格间距，在其附近划分网格，再进行截面数据重构，找出当前网格划分下最合适的分段点。重复进行，直到网格满足精度为止。若想使寻找的切点精度达到 10^{-3}mm 级，一般网格划分只要进行 3 次，令 D^1=0.005mm、D^2=0.002mm、D^3=0.001mm。

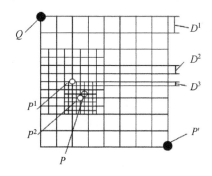

图 7.1 理论分段点所在区域动态网格化

7.2.1 优化数学模型的建立

在候选网格节点处，重构直线、圆弧和自由曲线时，候选网格节点是作为已知条件进行处理的，即相对于直线、圆弧和自由曲线，在重构之前就相当于已知曲线上的一个点。

1. 过定点 $P(x_0, y_0)$ 的直线重构

直线的解析表达式为：

$$l_0 x + l_1 y + l_2 = 0 \tag{7-1}$$

且参数 l_0、l_1、l_2 满足规范化约束条件[27]：$l_0^2 + l_1^2 - 1 = 0$。此时，点到直线的有向代数距离为 $d = l_0 x + l_1 y + l_2$。点到直线的欧氏距离为：

$$\frac{|l_0 x + l_1 y + l_2|}{\sqrt{l_0^2 + l_1^2}} = |l_0 x + l_1 y + l_2| = |d| \tag{7-2}$$

给定（n+1）个数据点，用最小二乘法拟合直线，直线过定点 $P(x_0, y_0)$，故有

方程 $l_0x_0 + l_1y_0 + l_2 = 0$ 成立，即 $l_2 = -l_0x_0 - l_1y_0$。建立如下目标函数：

$$\min f(X) = \sum_{i=0}^{n} d_i^2 = \sum_{i=0}^{n} |l_0x_i + l_1y_i + l_2|^2 = \sum_{i=0}^{n} \left[l_0x_i + l_1y_i + (-l_0x_0 - l_1y_0)\right]^2$$

$$= \sum_{i=0}^{n} \left[l_0(x_i - x_0) + l_1(y_i - y_0)\right]^2$$

$$= [l_0 \quad l_1] \begin{pmatrix} \sum(x_i - x_0)^2 & \sum(x_i - x0)(y_i - y_0) \\ \sum(x_i - x_0)(y_i - y_0) & \sum(y_i - x_0)^2 \end{pmatrix} \begin{pmatrix} l_0 \\ l_1 \end{pmatrix}$$

$$\text{s.t.} \quad l_0^2 + l_1^2 - 1 = 0 \qquad (7\text{-}3)$$

式中，d_i 为各数据点到直线的有向代数距离；X 为直线的参数矩阵，$X = [l_0 \quad l_1]$。

2. 过定点 $P(x_0, y_0)$ 的圆（圆弧）重构

圆的解析表达式为：

$$c_0(x^2 + y^2) + c_1x + c_2y + c_3 = 0 \qquad (7\text{-}4)$$

且参数 c_0、c_1、c_2、c_3 满足规范化约束条件[27]：$c_1^2 + c_2^2 - 4c_0c_3 = 1$。此时，圆周附近一点到圆的有向代数距离为 $d = c_0(x^2 + y^2) + c_1x + c_2y + c_3$，并且此有向代数距离也是该点到圆周欧氏距离的一个近似逼近（不考虑符号差异），当该点越靠近圆周时，此有向代数距离越接近真实的欧氏距离。给定 ($n+1$) 个数据点，用最小二乘法拟合圆，圆过定点 $P(x_0, y_0)$，故有方程 $c_0(x_0^2 + y_0^2) + c_1x_0 + c_2y_0 + c_3 = 0$ 成立。

建立如下目标函数：

$$\min f(X) = \sum_{i=0}^{n} d_i^2 = \sum_{i=0}^{n} \left[c_0(x_i^2 + y_i^2) + c_1x_i + c_2y_i + c_3\right]^2$$

$$= (c_0 \ c_1 \ c_2 \ c_3) \begin{pmatrix} \sum(x_i^2 + y_i^2)^2 & \sum(x_i^2 + y_i^2)^2 x_i & \sum(x_i^2 + y_i^2)^2 x_i & \sum(x_i^2 + y_i^2) \\ \sum(x_i^2 + y_i^2)^2 x_i & \sum x_i^2 & \sum x_iy_i & \sum x_i \\ \sum(x_i^2 + y_i^2)^2 y_i & \sum x_iy_i & \sum y_i^2 & \sum y_i \\ \sum(x_i^2 + y_i^2) & \sum x_i & \sum y_i & n \end{pmatrix} \begin{pmatrix} c_0 \\ c_1 \\ c_2 \\ c_3 \end{pmatrix}$$

$$\text{s.t.} \begin{cases} c_0(x_0^2 + y_0^2) + c_1x_0 + c_2y_0 + c_3 = 0 \\ c_1^2 + c_2^2 - 4c_0c_3 = 1 \end{cases} \qquad (7\text{-}5)$$

式中，d_i 为各数据点到直线的有向代数距离；X 为圆的参数矩阵，$X = [c_0 \quad c_1 \quad c_2 \quad c_3]$。

3. 过定点 $P(x_0, y_0)$ 的 B 样条曲线重构

在截面曲线中，直线、圆弧与 B 样条曲线往往在分段点处要满足一定的连续条件（G^0 连续约束、G^1 连续约束、G^2 连续约束），本书主要研究四重端节点的 3 次 B 样条曲线与圆弧光滑（G^1 连续约束）拼接。与过定点 $P(x_0, y_0)$ 的圆弧相对应，B 样条曲线与直线（圆弧）连接端也插值此点，并基于当前 G^1 连续约束条件，构建如下 B 样条曲线重构模型。

$$\min f(\boldsymbol{P}) = \sum_{i=0}^{m}\left[Q_i - C(\tilde{u}_i)\right]^2 = \sum_{i=0}^{m}\left[Q_i - \sum_{0}^{n} N_{j,3}(\tilde{u}_i)\boldsymbol{P}_i\right]^2$$

$$\text{s.t.} \begin{cases} k_0 P_{1x} + k_1 P_{1y} + k_2 = 0 \\ Q_j - C(\tilde{u}_0) = 0 \end{cases} \tag{7-6}$$

式中，c_0、c_1、c_2 为圆的解析表达式 $c_0(x_2+y_2)+c_1x+c_2y+c_3=0$ 的系数；$\boldsymbol{P}_1(\boldsymbol{P}_{1x}, \boldsymbol{P}_{1y})$ 为 B 样条曲线的第 2 个控制点；k_0、k_1、k_2 为圆弧在所插值网格节点 $Q_j(Q_{jx}, Q_{jy})$ 处的直线切线方程 $k_0x + k_1y + k_2 = 0$ 的系数，$k = -\dfrac{2c_0Q_{jx}+c_1}{2c_0Q_{jy}+c_2}$、$k_0 = k\sqrt{\dfrac{1}{k^2+1}}$、$k_1 = \sqrt{\dfrac{1}{k^2+1}}$、$k_2 = -\left(k_0Q_{jx} + k_1Q_{jy}\right)$。

7.2.2 网格法优化过程

在进行网格法优化之前，要认识到以下两点：

第一，如果多次用 B 样条曲线拟合同一组给定的数据点，根据给定误差限 E 的大小不同，最终拟合 B 样条曲线的控制点会有所不同。对于同一组数据，若给定的误差限 E 较大，可以消去的节点就较多，最终的控制点就会较少；若给定的误差限 E 较小，可以消去的节点就较少，最终的控制点就会较多。

第二，对网格处的每个候选分段点进行分析，在同一误差限 E 的情况下，理论分段点所在小范围区域上的节点参与拟合后，B 样条曲线控制点的数目不一定是最少的。但这只是特殊情况，在一般情况下仍然是最少的，因为采集数据的边界信息不完整。在理论分段点所在的网格区域中，如图 7.2 所示，理论分段点 P 后面是理论 B 样条曲线，R 点是理论 B 样条曲线上第一个非零节点所对应的点，但是由于采集的数据点具有间隙，B 样条曲线上采集的第一个点是从 P' 开始的，这就导致了 B 样条曲线边界信息采集的不完整性，从而直接影响理论分段点 P 参与拟合后的 B 样条曲线控制点数目，但这些候选分段点所占的区域是比较小的。

第7章 基于二维搜索的截面数据重构

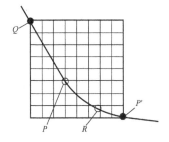

图 7.2 数据点网格节点图

为了避免偶然性,需要统计的数据包括两项:①每个候选分段点对应的 B 样条曲线拟合时需要的控制点数目;②每个候选分段点对应的所有数据点到拟合后曲线的逼近总误差。然后,用 MATLAB R2011b 建立三维曲面图,以辅助进行数据分析。图 7.3(a)是某模拟数据网格区域每个候选分段点对应的 B 样条曲线拟合时需要的控制点数目统计图,图 7.3(b)是每个候选分段点对应的所有数据点到拟合后曲线的逼近总误差统计图。

若直接分析图 7.3(b),要找寻的最优分段点在(1.5217, 2.0226)处,而模拟数据所设计的理论分段点在(1.5000, 2.0000)处,误差比较大,并且找出最优分段点在图 7.3(a)中对应的控制点数目。可以发现,控制点数目不是最少的 10 个控制点,而是最多的 14 个控制点。这明显是错误的,因为分段点的位置受节点矢量的配置、点集参数化及误差限 E 等多种因素的影响。

换一种分析方法,综合考虑图 7.3(a)和图 7.3(b),具体做法是:先找寻最少控制点数和次最少控制点数,并分析图 7.3(a)中拥有这两种最小控制点数的分布情况,如果次最少控制点数的分布区域较最少控制点数的分布区域大得多(原因是采集数据的边界信息具有不完整性),就只分析次最少控制点数分布区域在图 7.3(b)中相应的逼近总误差;否则,只分析最少控制点数所对应的逼近总误差。

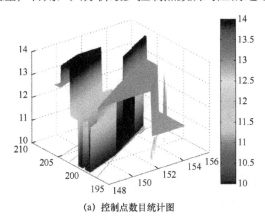

(a)控制点数目统计图

图 7.3 控制点数目和逼近总误差统计图(单位:0.01mm)

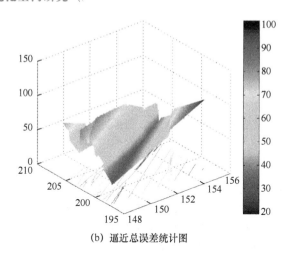

(b) 逼近总误差统计图

图 7.3 控制点数目和逼近总误差统计图（单位：0.01mm）（续）

为要找的控制点数之外区域所对应的逼近总误差赋予一个较大的值，得到新的逼近误差统计图，如图 7.4 所示，现在可以直接分析最小逼近总误差的位置，找出最优分段点。最优分段点为（1.5047，2.0076），与理论分段点误差较小。

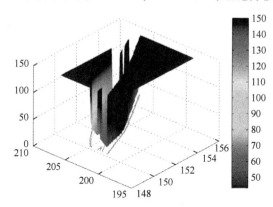

图 7.4 逼近总误差统计图（单位：0.01mm）

为了提高网格搜索效率，最优分段点的确定与目标区域的网格划分是相辅相成的。先划分较为稀疏的网格，找到最好点；然后在该点附近划分较密的网格，搜索最优的节点。如此往复，直至网格节点密度达到想要的精度为止。这时将搜索到的最好点作为最优分段点。这里将本书提出的方法称为区域搜索重构法。

此外，网格的搜索效率还与网格区域的大小有关。选择合适的网格区域确定方式，可以有效控制网格搜索效率。优先重构自由度小的直线和圆弧，依据重构的直线和圆弧来确定搜索区域，如图 7.5 所示。

第 7 章 基于二维搜索的截面数据重构

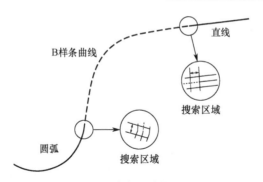

图 7.5 搜索区域的确定

在目标区域内搜索时,直线(圆弧)和 B 样条曲线是动态同时重构的。由于截面数据组合的次序不同,依据 B 样条曲线,大致可分为两种情况(以直线为例,圆弧处理方法相同):第一种是,直线-B 样条曲线-直线;第二种是,B 样条曲线-直线-B 样条曲线。

针对"直线-B 样条曲线-直线"混合型截面数据,由于参数化 B 样条曲线具有局部修改性,我们可以将一整条 B 样条曲线分成两条,故"直线-B 样条曲线-直线"混合型截面数据就转化成了"直线-B 样条曲线-B 样条曲线-直线"混合型截面数据。转化成"直线-B 样条曲线"混合型截面数据处理起来就方便简单了。

针对"B 样条曲线-直线-B 样条曲线"混合型截面数据,可以优先处理"B 样条曲线-直线",然后再处理"直线-B 样条曲线"。这时,由于直线的一个端点已知,所以在直线的拟合时要加上这个约束条件。

利用区域搜索重构法重构截面数据时,特征的拟合顺序需要根据具体的截面数据情况来确定。现给出"直线-B 样条曲线"混合型截面数据的重构算法。

(1)根据离散数据的曲率信息,对数据点进行分段,确定相应的特征,并确定理想分段点所在的区域。

(2)参考截面数据的采样密度和想要达到的精度,确定合理的网格划分间距,将目标区域网格化。

(3)对于当前网格每个节点,先拟合直线(与 B 样条曲线拼接的一端插值网格节点),再基于边界约束条件(G^1 连续约束)拟合 B 样条曲线(与直线拼接的一端插值网格节点),统计所有数据点到曲线的总误差和 B 样条曲线的控制顶点数。

(4)综合分析统计的两组数据,确定当前最优分段点。

(5)如果当前网格节点的密度满足精度要求,则输出此最优分段点;否则,以当前最优分段点为中心，缩小目标区域，减小间距，划分网格，转到步骤（3）。

（6）依据当前最优分段点重构截面曲线。

7.3 应用实例

为了验证提出的截面数据的高精度重构方法，给出以下实例分析比较。这里参与比较的方法有 3 种：目前逆向工程师实际逆向建模过程中最常用的分步重构法；浙江大学刘云峰[34]提出的整体重构法；本书提出的改进重构法。为了判别重构结果是否符合初始设计意图，需要将重构结果与理论模型进行比较分析。比较分析的项目包括：实际提取的连接点 P_p 与理论连接点 P_t 的距离误差 ε_d；评价自由特征逼近精度全部数据点的平均距离误差 ε_w 和最大距离误差 ε_m；自由特征在连接点附近一段区间内数据点（由于 B 样条曲线具有局部性，第一个非零节点区间内的数据点）的平均距离误差 ε_l 和离散程度 σ_l（数据点到拟合曲线距离误差的方差）。

在实例设计的过程中，通过离散理论 CAD 模型获取截面离散数据，重构已知理论模型的离散数据，以便分析重构结果与理论 CAD 模型的逼近程度。这里的实例分析数据包括两种：理论离散数据（已知理论模型的离散数据）；带噪声离散数据（在已知理论模型的离散数据中加入高斯噪声）。

图 7.6 为理论离散数据的重构。图 7.6（a）为模拟数据的初始截面数据，含 150 个数据点，二维包围盒大小约为 11.5mm×4.5mm，理论分段点 P_t 为（1.5000, 5.0000）；图 7.6（b）是 3 种重构法得到的结果；图 7.6（c）是重构结果的局部放大图。其中，由分步重构法得到的曲线 B_1 的分段点 P_p^1 为（1.5537, 5.0442），与理论分段点 P_t 的距离误差为 0.0696mm；由整体重构法得到的曲线 B_2 的分段点 P_p^2 为（1.5597, 5.0426），与理论分段点 P_t 的距离误差为 0.0733mm；由本书区域搜索重构法得到的曲线 B_3 的分段点为（1.4810, 4.9835），与理论分段点 P_t 的距离误差为 0.0252mm。

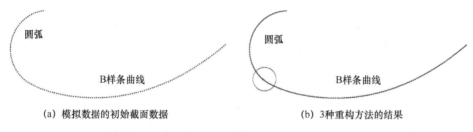

(a) 模拟数据的初始截面数据　　　　(b) 3种重构方法的结果

图 7.6　理论离散数据的重构

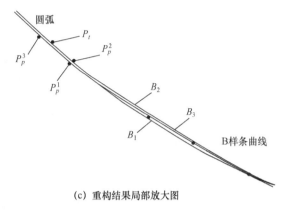

(c)重构结果局部放大图

图 7.6 理论离散数据的重构（续）

在表 7.1 中，对比 3 种方法提取的实际连接点与理论连接点的距离误差 ε_d，利用本书提出的区域重构法产生的距离误差要小；从评价自由特征逼近精度全部数据点的平均距离误差 ε_w 和最大距离误差 ε_m 来看，本书方法也要比其他两种方法的精度高；而且从平均距离误差 ε_l 和离散程度 σ_l 分析，自由特征在连接点附近的数据点分布，本书方法更加均匀。可以看出，本书提出的区域搜索重构法能找寻到高精度连接点，从而大大提高重构曲线的整体质量。

表 7.1 理论离散数据的重构结果分析　　　　　　　　　　（单位：mm）

方　法	提取的连接点 P_p	距离误差 ε_d	平均距离误差 ε_w	最大距离误差 ε_m	平均距离误差 ε_l	离散程度 σ_l
分步重构法	(1.5537, 5.0442)	0.0696	0.0014	0.0055	0.0020	1.60×10^{-6}
整体重构法	(1.5597, 5.0426)	0.0733	0.0011	0.0084	0.0033	5.73×10^{-6}
本书方法	(1.4810, 4.9835)	0.0252	0.0007	0.0045	0.0011	9.79×10^{-7}

图 7.7 是带噪声的离散数据重构，它是在图 7.6 的模拟数据中加入高斯噪声。图 7.7（a）为加入 0.01mm 高斯噪声的初始截面数据，含 150 个数据点，二维包围盒大小约为 11.5mm×4.5mm，理论分段点为（1.5000, 5.0000）；图 7.7（b）是 3 种重构法得到的结果；图 7.7（c）是重构结果的局部放大图。其中，由分步重构法得到的曲线 B_1 的分段点 P_p^1 为（1.5609, 5.0416），与理论分段点 P_t 的距离误差为 0.0738mm；由整体重构法得到的曲线 B_2 的分段点 P_p^2 为（1.5581, 5.0450），与理论分段点 P_t 的距离误差为 0.0717mm；由本书提出的区域搜索重构法得到的曲线 B_3 的分段点为（1.5220, 5.0165），与理论分段点 P_t 的距离误差为 0.0275 mm。

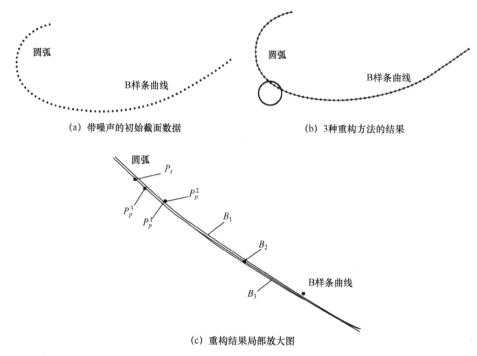

图 7.7 带噪声的离散数据重构

在表 7.2 中，对比 3 种方法提取的实际连接点与理论连接点的距离误差 ε_d，利用本书提出的区域搜索重构法产生的距离误差要小；从评价自由特征逼近精度全部数据点的平均距离误差 ε_w 和最大距离误差 ε_m 来看，本书方法也要比其他两种方法精度高；而且从平均距离误差 ε_l 和离散程度 σ_l 分析，自由特征在连接点附近的数据点分布，本书方法更加均匀。可以看出：在带噪声的情况下，本书提出的区域搜索重构法也要优于其他两种方法。

表 7.2 带噪声的离散数据重构结果分析　　　　　　　　（单位：mm）

方法	提取的连接点 P_p	距离误差 ε_d	平均距离误差 ε_w	最大距离误差 ε_m	平均距离误差 ε_l	离散程度 σ_l
分步重构法	(1.5609, 5.0416)	0.0738	0.0041	0.01488	0.0041	8.25×10^{-6}
整体重构法	(1.5581, 5.0450)	0.0717	0.0040	0.01583	0.0039	9.76×10^{-6}
本书方法	(1.5220, 5.0165)	0.0275	0.0037	0.01227	0.0036	5.42×10^{-6}

图 7.8 为理论离散数据的重构。图 7.8（a）为模拟数据的初始截面数据，含 69 个数据点，二维包围盒大小约为 6mm×2mm，理论分段点 P_t 为（1.0000, 4.0000）；图 7.8（b）是 3 种重构法得到的结果；图 7.8（c）是重构结果的局部放大图。其中，由分步重构法得到的曲线的 B_1 分段点 P_p^1 为（1.0139, 4.0558），与理论分段点

P_t 距离误差为 0.0573mm；由整体重构法得到的曲线 B_2 的分段点 P_p^2 为（1.0159，4.0562），与理论分段点 P_t 距离误差为 0.0584mm；由本书区域搜索重构法得到的曲线 B_3 的其分段点为（0.9980，3.9921），与理论分段点 P_t 距离误差为 0.0081mm。

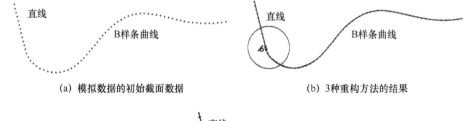

(a) 模拟数据的初始截面数据   (b) 3种重构方法的结果

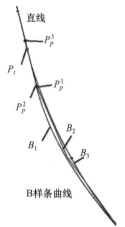

(c) 重构结果局部放大图

图 7.8 理论离散数据的重构

在表 7.3 中，对比 3 种方法提取的实际连接点与理论连接点的距离误差 ε_d，利用本书提出的区域搜索重构法产生的距离误差要小；从评价自由特征逼近精度全部数据点的平均距离误差 ε_w 和最大距离误差 ε_m 来看，本书方法也要比其他两种方法精度高；而且从平均距离误差 ε_l 和离散程度 σ_l 分析，自由特征在连接点附近的数据点分布本书方法更加均匀。可以看出，本书提出的区域搜索重构法能找寻到高精度连接点，从而大大提高重构曲线的整体质量。

表 7.3 理论离散数据的重构结果分析　　　　　　　　　　（单位：mm）

方　法	提取的连接点 P_p	距离误差 ε_d	平均距离误差 ε_w	最大距离误差 ε_m	平均距离误差 ε_l	离散程度 σ_l
分步重构法	(1.0139, 4.0558)	0.0573	0.0042	0.0105	0.0037	9.28×10^{-6}
整体重构法	(1.0159, 4.0562)	0.0584	0.0012	0.0050	0.0012	1.78×10^{-6}
本书方法	(0.9980, 3.9921)	0.0081	0.0036	0.0082	0.0007	4.20×10^{-7}

图 7.9 是带噪声的离散数据重构，它是在图 7.8 的模拟数据中加入高斯噪声。图 7.9（a）为加入 0.01mm 高斯噪声的初始截面数据；图 7.9（b）是 3 种重构法得到的结果；图 7.9（c）是重构结果的局部放大图。其中，由分步重构法得到的曲线 B_1 的分段点 P_p^1 为（1.0201，4.0508），与理论分段点 P_t 的距离误差为 0.0549mm；由整体重构法得到的曲线 B_2 的分段点 P_p^2 为（1.0167，4.0520），与理论分段点 P_t 的距离误差为 0.0546mm；由本书区域搜索重构法得到的曲线 B_3 的分段点为（0.9920，3.9830），与理论分段点 P_t 的距离误差为 0.0188mm。

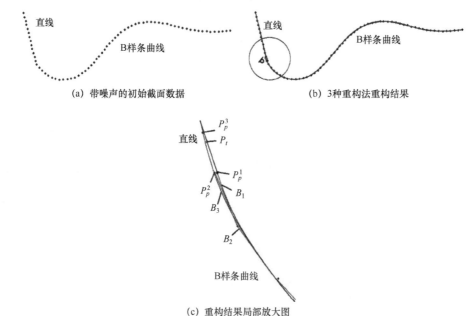

图 7.9 带噪声的离散数据重构

在表 7.4 中，对比 3 种方法提取的实际连接点与理论连接点的距离误差 ε_d，利用本书提出的区域搜索重构法产生的距离误差要小；从评价自由特征逼近精度的全部数据点的平均距离误差 ε_w 和最大距离误差 ε_m 来看，本书方法也要比其他两种方法精度高；而且从平均距离误差 ε_l 和离散程度 σ_l 分析，自由特征在连接点附近的数据点分布，本书方法更加均匀。可以看出，在带噪声的情况下，本书提出的区域搜索重构法也要优于其他两种方法。

表 7.4 带噪声的离散数据重构结果分析 （单位：mm）

方法	提取的连接点 P_p	距离误差 ε_d	平均距离误差 ε_w	最大距离误差 ε_m	平均距离误差 ε_l	离散程度 σ_l
分步重构法	(1.0209, 4.0508)	0.0549	0.0076	0.0242	0.0052	1.34×10^{-5}
整体重构法	(1.0167, 4.0520)	0.0546	0.0057	0.0126	0.0048	9.84×10^{-6}
本书方法	(0.9920, 3.9830)	0.0188	0.0063	0.0171	0.0043	4.93×10^{-6}

7.4 本章小结

本章提出基于二维搜索技术的 G^1 连续截面数据高精度重构方法，其核心部分是利用离散网格法动态找寻直线（圆弧）和自由特征的最优连接点。

（1）利用离散变量型普通网格法进行截面曲线重构，是在离散空间直接搜索，使能搜索到真正离散优化解的可能性增加，而且网格划分分层进行，逐层加密，可缩小搜索范围，加快求解速度。

（2）采用离散变量型普通网格法动态找寻最优分段点，需要统计分析的数据包括：B 样条曲线拟合时需要的控制点数目，每个候选分段点对应的所有数据点到拟合后曲线的逼近总误差。这样可以避免边界信息不完整造成误判最优分段点的现象发生。

（3）通过离散变量型普通网格法动态找寻分段点，使分段点的提取精度大大增加；而且在找寻最优分段点的过程中，直线（圆弧）实时更新，这也避免了由于分段点提取不准确而导致直线（圆弧）特征重构精度差的问题。

（4）由于分段点的高精度识别，使重构结果既严格满足了特征间的 G^1 连续约束条件要求，又保证了整个截面曲线对截面数据的逼近精度。

（5）避免了由于分段点无法精确提取导致边界约束信息不准确，进而使重构结果不符合初始设计意图的问题。

第 8 章
软件框架与实例

摘要：本章介绍面向特征的截面数据重构软件 STLViewer；详细介绍了在该软件中采用本书提出的方法进行仿叶片叶身实物零件面向特征的 CAD 模型重构过程。

8.1 引言

STLViewer 软件是面向特征的逆向工程三维 CAD 模型重构软件，也是本书项目进行研究工作的主要平台。目前，实物点云数据获取技术及去噪、光顺等预处理技术已经相当成熟。因此，对于拉伸件、旋转件等类似以截面数据为核心的实物模型重构问题，通过截面数据处理技术重构截面草图，再利用重构的截面草图重构三维 CAD 模型，既提高了建模效率，又提高了 CAD 模型的质量。本章结合 STLViewer 软件在仿叶片叶身三维 CAD 模型重构的应用，说明在面向特征的逆向工程三维 CAD 模型重构技术中，通过实物产品点云数据的获取、点云数据的预处理以及从截面数据重构技术到三维 CAD 模型重构，可以获得蕴含实物产品初始设计意图的 CAD 模型，也为后续的 CAM/CAE 处理提供方便，为产品再生产、再设计夯实了基础。

8.2 STLViewer 软件简介

STLViewer 软件是上海工程技术大学独立开发的具有自主产权的逆向工程 CAD 建模软件，未进行商业用途，主要是为本校实验室团队的科研任务服务。

8.2.1 STLViewer 软件实现逆向建模的策略

目前，STLViewer 软件仍处于实验室开发阶段，现有功能主要是处理拉伸件、旋转件、蒙皮件等类似以截面数据为核心的实物模型的重构问题。故 STLViewer 软件的逆向建模策略是通过直接采集的截面数据或点云切片的截面数据，利用截面数据处理技术，重构截面草图，然后将之保存为通用的数据格式，输入商业化三维 CAD 建模软件（如 NX UG、Pro/E、CATIA 等）中，仿照零件正向设计的思路，从二维到三维，重建三维 CAD 模型。这样既简化了 STLViewer 软件的研究工作，如已经相当成熟的曲线、曲面编辑修改技术，又使重建后的三维 CAD 模型具有更广泛的通用性。

8.2.2 软件框架与模块组成

STLViewer 软件应用了模块化软件开发技术，整个应用程序由可执行程序 STLViewer.exe 和 4 个模块组成，即几何基本工具模块（GeomCalc.dll）、图形工具模块（glContext.dll）、几何内核模块（GeomKernel.dll）、浮动界面工具模块（DockTool.dll），图 8.1 显示了各模块之间及它们与基本类库（Microsoft Foundation Class，MFC）之间的关系。

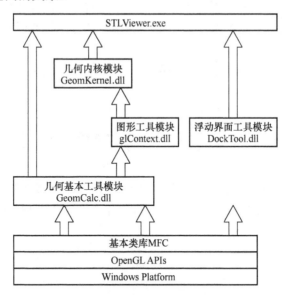

图 8.1 STLViewer 软件框架

其中，几何基本工具模块（GeomCalc.dll）输出基本几何对象类与几何计算函数，如表示点、矢量、矩阵的自定义类及相关的计算函数，是 STLViewer 软件必不可少的一部分；图形工具模块（glContext.dll）是基于 MFC 的机制对 OpenGL 有关三维图形绘制的类进行了封装，主要负责输出一系列用于软件中 OpenGL 三维图形绘制的类，完成 OpenGL 运行环境的初始化设置、三维几何图形的光照显示,以及对图形进行诸如视角变换、缩放、光照和颜色设置之类的显示性操作;几何内核模块(GeomKernel.dll)是 STLViewer 软件的核心功能模块,主要包括一系列描述几何对象的类,以及用于面向特征的截面数据重构的类;浮动界面工具模块(DockTool.dll)主要是含有一些增强界面效果的浮动窗口类,用来在开发环境内显示浮动窗口。

8.2.3　STLViewer 软件的主要功能

遵循逆向工程中 CAD 模型重构的一般步骤,STLViewer 软件的主要功能包括数据预处理、截面曲线特征单元提取、截面曲线特征单元重构及优化、误差分析。

(1) 数据预处理: 主要是 STL 文件和 IGES 文件中数据的输入与输出, 以及对读入的点云数据进行曲率分析或切片操作。

(2) 截面曲线特征单元提取: 主要是对读入的截面数据或切片后的截面数据,通过进行曲率分析,提取特征单元间的分段点,并将截面数据划分成单一曲线特征的直线数据段、圆弧数据段、自由曲线数据段。

(3) 截面曲线特征单元重构及优化: 主要是将单一曲线特征段的截面数据各自拟合成直线、圆弧、B 样条曲线, 然后利用黄金分割法或网格法进行截面数据的最优化重构。

(4) 误差分析: 主要是获得的截面数据对最优化重构得到的截面曲线的投影距离误差分析。

8.3　仿叶片叶身零件逆向 CAD 模型重构

图 8.2 是仿叶片叶身正向设计后加工出来的实物零件,零件上半部分是叶身,零件下半部分是为便于测量而设计的基座,其包围盒大小约为 140.00mm×140.00mm×35.00mm,加工精度为 0.02mm。

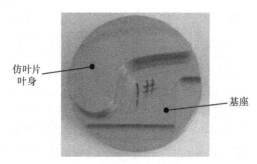

图 8.2　正向设计加工后的实际零件

第 8 章 软件框架与实例

8.3.1 CAD 模型重构策略

在基座上面的仿叶片叶身部分，是本次逆向 CAD 建模的对象。可以明显地看出，这是一个拉伸件，故只需要提取截面数据和测量拉伸厚度。利用 STLViewer 软件重构出截面草图，然后将截面草图导入 NX UG，在垂直于截面的方向，即拉伸方向，拉伸一定厚度。这样，仿叶片叶身的 CAD 模型就可以被重构出来了。

8.3.2 截面数据获取及预处理

如图 8.3 所示，利用三坐标测量机进行测量，建立工件坐标系，测量仿叶片叶身零件任一截面上的点云数据，此外再测出被拉伸的厚度。

图 8.3 三坐标测量的截面数据

在一般情况下，由于人为、环境、机器等众多因素，测量的点云数据都具有一定噪声，故要对点云数据进行去噪处理。但由于通过三坐标测量机直接获得的截面数据，其测量精度较高，数据的质量较好，可以直接使用，无须进行去噪处理。此时，通过估算截面数据的离散曲率信息，据此对截面数据进行分段。图 8.4（a）是获取的截面数据的离散曲率信息，通过人工交互确定数据之间的分段，可以将数据分为 4 段。截面数据被分段点分段后，可以确定单一数据段的特征，其分段结果如图 8.4（b）所示，有两段 B 样条曲线、一段直线、一段圆弧。

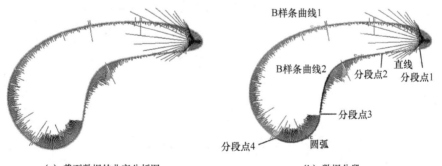

(a) 截面数据的曲率分析图　　　　　(b) 数据分段

图 8.4 截面数据的分段与特征的交互式指定

8.3.3 截面数据重构

对于截面数据重构，根据特征、约束的不同类型，以及对精度的不同要求，可以选取不同的重构方法对截面数据进行重构。这里以黄金分割法为例具体介绍截面数据重构。

先对截面数据中分段后的直线段数据、圆弧段数据、自由曲线段数据进行不添加约束的重构，如图 8.5（a）所示；然后以此为初值，利用黄金分割法提取特征间高精度的分段点；再在各特征间加上约束，如表 8.1 所示主要是直线与 B 样条曲线之间、圆弧与 B 样条曲线之间的 G^1 连续约束（相切），利用拉格朗日乘子法求解特征重构模型，主要是 G^1 连续约束下自由曲线的重构模型。截面数据的重构结果如图 8.5（b）所示。

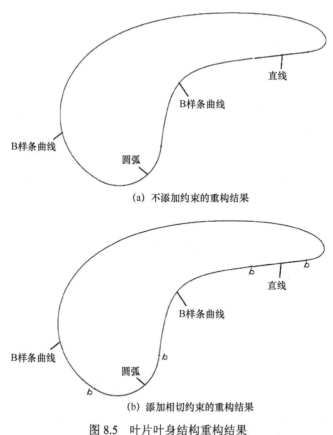

(a) 不添加约束的重构结果

(b) 添加相切约束的重构结果

图 8.5　叶片叶身结构重构结果

表 8.1 特征间的约束关系

约束特征一	约束特征二	约束类型	分段点优化前后自由曲线拟合误差对比图
直线	B 样条曲线 1	相切	图 8.6（a）
B 样条曲线 1	圆弧	相切	图 8.6（b）
圆弧	B 样条曲线 2	相切	图 8.6（c）
B 样条曲线 2	直线	相切	图 8.6（d）

图 8.6 中，红色曲线为用本书方法优化分段点后的；蓝色曲线为分段点未经优化的。

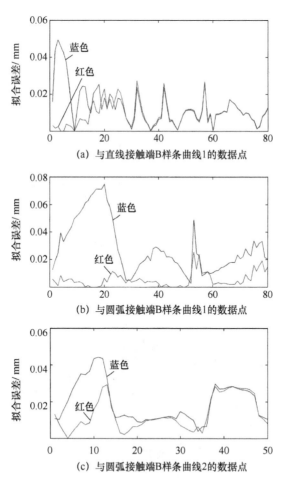

(a) 与直线接触端B样条曲线1的数据点

(b) 与圆弧接触端B样条曲线1的数据点

(c) 与圆弧接触端B样条曲线2的数据点

图 8.6 分段点优化前后自由曲线拟合误差对比图

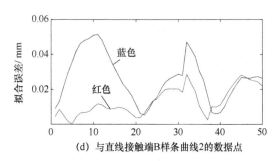

(d) 与直线接触端B样条曲线2的数据点

图 8.6　分段点优化前后自由曲线拟合误差对比图（续）

8.3.4　CAD 模型生成

在 STLViewer 软件中，完成截面数据重构之后，将重构后的截面曲线保存为 IGES 格式，并将其输入到 NX UG 中，将截面草图拉伸成曲面模型，再通过曲面加厚操作生成实体模型，如图 8.7 所示。

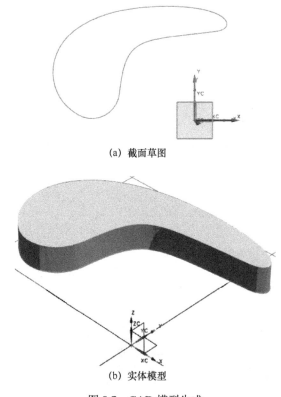

(a) 截面草图

(b) 实体模型

图 8.7　CAD 模型生成

利用 NX UG 8.5 中的"分析-偏差-度量"测量点云数据所重构的实体模型与原始零件 CAD 模型之间的误差。图 8.8 是重构的实体模型与原始理论 CAD 模型之间的误差比较图，其最大误差低于 0.042mm，平均误差小于 0.022mm，这表明利用优化重构后的截面数据重构的实体模型，在重构质量上满足实际要求。

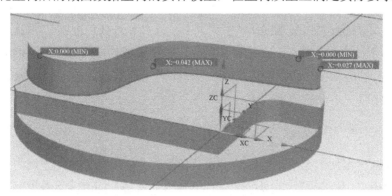

图 8.8　重构的实体模型与理论 CDA 模型之间的误差比较图

8.4　某型航空发动机叶片逆向 CAD 模型重构

图 8.9 是某型航空发动机叶片的扫描数据，其包围盒大小约为 5.3mm× 2.6mm×10.3mm，共有 40712 个数据点。

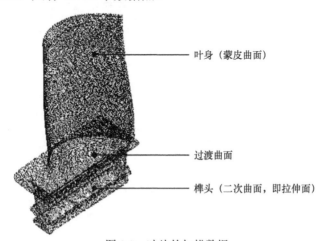

图 8.9　叶片的扫描数据

8.4.1 CAD 模型重构策略

从图 8.9 可以看出，此叶片由叶身和榫头两个部分组成。叶身部分是蒙皮曲面，采用蒙皮规则将多个一定间隔的叶型截面曲线生成自由曲面，叶型截面曲线决定叶片的设计参数；榫头部分是拉伸面，主要由平面、柱面等二次曲面组成。叶身和榫头之间存在过渡曲面。

对于叶身部分的重构，只要对叶身部分的扫描数据进行切片，重构叶型截面曲线，然后利用蒙皮规则重构叶身即可；对于榫头部分的重构，先重构两端平面，再重构中间柱面的任一截面曲线，然后拉伸即可。

8.4.2 截面数据获取及预处理

叶身部分截面数据点，可以利用点云切片的方法获得重构叶型截面曲线的平面离散数据点；榫头部分截面数据点，也利用点云切片的方法获得重构榫头的截面数据点，如图 8.10 所示。再对点云切片数据进行噪声点去除、重采样处理。然后，通过估算截面数据的离散曲率信息，据此对截面数据进行分段。

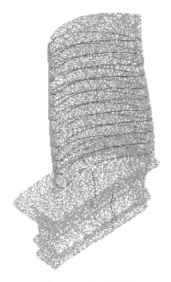

图 8.10　截面数据

8.4.3 截面数据重构

对于叶身和榫头部分截面数据的重构，优先重构自由度较小的直线和圆弧，然后再基于 G^1 连续约束条件重构 B 样条曲线。在重构 B 样条曲线的过程中利用本书提出的方法，对分段点进行精确提取，优化 B 样条曲线在分段点处的重构质量。

8.4.4 CAD 模型生成

在 STLViewer 软件中，完成截面数据重构之后，将重构后的截面曲线保存为 IGES 格式，并将其输入到 NX UG 中。叶身部分通过"插入-网格曲面-曲线组"构建自由曲面；榫头部分通过截面曲线拉伸、曲面求交、裁剪、过渡等处理，最终获得发动机叶片的实体模型，如图 8.11 所示。

图 8.11　发动机叶片重构结果

8.5　本章小结

本章简要介绍了面向特征的逆向工程软件 STLViewer，对软件架构与模型组成进行了详细介绍。给出了应用 STLViewer 软件并结合商业三维 CAD 软件进行实际产品 CAD 模型重构的完整实例，展示了利用面向特征的逆向 CAD 模型重构技术，能够捕捉产品初始的设计意图，具有广阔的应用前景。

第 9 章 结论与展望

9.1 总结

本书在面向特征的逆向 CAD 模型重构框架下,基于 STLViewer 平台,分别从一维搜索和二维搜索两个方面系统研究了截面数据高精度重构技术,主要取得以下几个方面的成果:

(1) 采用数据平滑的方法提取分段点所在区间。该区间的提取将分段点的搜索限定在一定范围内,提高了搜索的效率。

(2) 对于直线特征-样条特征满足 G^1 连续约束的截面数据,其约束为线性约束,采用黄金分割搜索分段点,提取精度可以达到微米级。

(3) 对于圆弧特征-样条特征满足 G^1 连续约束的截面数据,由于圆弧特征相对直线特征,与样条特征更为相似,采用黄金分割法搜索的分段点精度不够,不能够达到微米级。因此,本书另辟蹊径,采用粒子群算法搜索分段点,提取精度可以达到微米级。该方法同样适用于前面的直线特征-样条特征满足 G^1 连续约束的截面数据重构问题。对于直线特征-样条特征满足 G^2 连续约束的截面数据重构问题,其约束也为线性约束,也可以采用该方法。

(4) 对于圆弧特征-样条特征满足 G^2 连续约束的截面数据重构,其约束为非线性约束,需要经过将约束进行特殊处理,再采用粒子群算法搜索分段点,分段点的提取精度也可以达到微米级。

(5) 提出一种基于二维搜索的截面数据重构方法。利用离散变量型普通网格法将分段点所在区域网格化,再将所有网格节点当作候选分段点,找寻最优分段点。该方法可以避免直线特征和圆弧特征重构结果不理想的情况,缺点是搜索效率降低了。

9.2 展望

（1）本书只考虑了直线、圆弧和自由曲线混合型截面数据的重构，但是随着逆向工程应用的领域不断增多、实物对象越来越复杂，截面特征的类型必然需要不断被丰富，如截面特征中还包含椭圆、抛物线等二次曲线特征。这就需要继续研究各类曲线特征的表达方式和特征单元间的约束表达方式。

（2）本书只针对 G^1 连续约束、G^2 连续约束的截面数据进行高精度重构研究，截面数据中还存在 G^3 及以上情况的连续约束，在今后的工作中，有必要继续研究，才能使截面数据的高精度重构更加系统化。

（3）本书研究的是二维特征在满足一定约束条件下的重构问题，对于三维曲面数据相互之间满足一定约束条件的重构问题，还有待于进一步系统、深入地研究。

参 考 文 献

[1] 田庆，莫蓉，夏禹．航空发动机叶片CAD造型方法[J]．航空制造技术，2013，333-335：

[2] Zhang L N, Zhang D H, Liu Y P. Research on Modeling Turbine Blade in Reverse Engineering[J]. Materials Science Forum, 2007, 532: 777-780.

[3] Liu G H, Wong Y S, Zhang Y F, et al. Modelling cloud data for prototype manufacturing[J]. J Mat Process Technol, 2003, 138: 53-59.

[4] Park H T, Chang M H, Park S C. A slicing algorithm of point cloud for rapid prototyping[C]. In: Proceedings of the 2007 summer computer simulation conference, San Diego, California, 2007.

[5] Huang M C, Tai C C. The pre-processing of data points for curve fitting in reverse engineering[J]. Int J Manuf Technol, 2000, 16: 635-676.

[6] Lin H, Chen W, Wang G. Curve reconstruction based on an interval B-spline curve[J]. Visual Comput, 2005, 21: 1-11.

[7] 任朴林，周来水，安鲁陵．基于散乱数据截面线的曲面重构算法研究[J]．中国制造业信息化，2003，32（3）：82-85．

[8] Javidrad F, Pourmoayed A R. Contour curve reconstruction from cloud data for rapid prototyping[J]. Robotics and Computer-Integrated Manufacturing, 2011, 27: 397-404.

[9] 廖平，高晓毅，王建录，等．燃气轮机透平叶片截面形状重构技术研究[J]．现代制造工程，2010，9：1-3．

[10] Tai C C, Huang M C. The processing of data points basing on design intent in reverse engineering[J]. International Journal of Machine Tools & Manufacture, 2000, 40（12）: 1913-1927.

[11] 皇甫中民，闫雒恒，刘雪梅．拉伸与旋转面轮廓数据分段及约束重建技术研究[J]．计算机工程与设计，2009，30（20）：4788-4791．

[12] Benko P, Kos G, Varady T, et al. Constrained fitting in reverse engineering[J]. Computer Aided Geometric Design, 2002, 19: 173-205.

[13] Benko P, Martin R, Varady T. Algorithnls for reverse engineering boundary representation Models[J]. Computer-Aided Design, 2001, 33（11）: 839-851.

[14] 王英惠，吴维勇．基于分段与识别技术的平面轮廓的精确重构[J]．工程图学学报，2007，5：43-48．

[15] 单东日．反求工程CAD建模中特征与约束技术研究[D]．杭州：浙江大学，2003．

[16] 叶晓平，龚友平，陈国金．二维截面轮廓特征重建方法[J]．计算机辅助工程，2008，17（3）：18-22．

[17] Ueng W D．Jiing-Yih Lai．Yao-Chen Tsai．Unconstrained and constrained curve fitting for reverse engineering[J]．Int J Adv Manuf Technol，2007，33：1189-1203．

[18] Szobonya L，Renner G．Construction of curves and surfaces based on point clouds[C]．In：Proc First Hungarian Conference on Computer Graphics and Geometry，Budapest，2002：57-62．

[19] 柯映林．反求工程CAD建模理论、方法和系统[M]．北京：机械工业出版社，2006．

[20] Imani B M，Hashemian S．Nurbs-based profile reconstruction using constrained fitting techniques[J]．Journal of Mechanics，2012，28（3）：407-412．

[21] Liu G H，Wong Y S，Zhang Y F, et al．Adaptive fairing of digitized point data with discrete curvature[J]．Computer-Aided Design，2002，34（4）：309-320．

[22] Lv Q J，Fang S P，Zhang Z．Feature points extraction of different structure for industrial computed tomography image contour[J]．Optik-International Journal for Light and Electron Optics, 2013，124（22）：5313-5317．

[23] 徐进，柯映林，曲巍崴．基于特征点自动识别的B样条曲线逼近技术[J]．机械工程学报，2009，45（11）：10．

[24] 章海波，张旭，张冉．G^1连续的截面数据高精度重构方法研究[J]．机械工程学报，2015，53（3）：153-160．

[25] 陈希孺．概率论与数理统计[M]．合肥：中国科学技术大学出版社，2009．

[26] 赵伟玲．三维点云数据的预处理和圆提取算法研究[D]．哈尔滨：哈尔滨工程大学，2008．

[27] Pratt V．Direct least-squares fitting of algebraic surfaces[J]．Computer Graphics，1987，21：145-152．

[28] Park H，Kim K，Lee S C．A method for approximate NURBS curve compatibility based on multiple curve refitting[J]．Computer-Aided Design，2000，32（4）：237-252．

[29] 黄健民，施法中．基于广义逆节点消去的B样条曲线的可控逼近[J]．计算机工程与应用，2006，13：80-84．

[30] Park H，Kim K．Smooth surface approximation to serial cross-sections[J]．Computer-Aided Design，1996，29（12）：995-1005．

[31] 刘云峰．基于截面特征的反求工程CAD建模关键技术研究[D]．杭州：浙江大学，2004．

[32] Ke Y L，Zhu W D，Liu F S, et al．Constrained fitting for 2D profile-based reverse modeling [J]．Computer-Aided Design，2006，38（2）：101-114．

[33] 朱伟东．反求工程中基于几何约束的模型重建理论及应用研究[D]．杭州：浙江大学，2007．

[34] 刘云峰，柯映林．反求工程中切片数据处理及断面特征曲线全局优化技术[J]．机械工程学报，2006，42（3）：124-129．

[35] Benkő P，Kos G，Varady T, et al．Constrained fitting in reverse engineering[J]．Computer Aided Geometric Design，2002，19：173-205．

[36] Werhi N，Fisher R，Robertson C，et al．Objec reconstruction by incorporating geometric onstraints in reverse engineering[J]．Computer-Aided Design，1999，31（6）：363-399．

[37] 李元科. 工程最优化设计[M]. 北京：清华大学出版社，2006.

[38] 龚友平，陈国金，陈立平. 基于切片方法截面数据处理[J]. 计算机辅助设计与图形学学报，2008，20（3）：321-331.

[39] Ke Y, Fan S, Zhu W, et al. Feature-based reverse modeling strategies[J]. Computer-Aided Design, 2006, 38（5）: 485-506.

[40] Ke Y, Zhu W, Liu Y. Constrained fitting for 2D profile-based reversemodeling[J]. Computer-Aided Design, 2006, 38（2）: 101-114.

[41] Liu Y, Ke Y. Slicing data processing and global optimization of feature curve in reverse engineering[J]. Chinese Journal of Mechanical Engineering, 2006, 42（3）: 124-129.

[42] Yang H, Wang W, Sun J. Control point adjustment for B-spline curve approximation[J]. Computer-Aided Design, 2004, 36（7）: 634-647.

[43] Jiří K, Malcolm A, Neil A. Control vectors for splines[J]. Computer-Aided Design, 2015, 58: 173-178.

[44] 龚友平，陈国金，陈立平. 基于切片方法截面数据处理[J]. 计算机辅助设计与图形学学报，2008，20（3）：321-331.

[45] Ma W Y, Kruth J P. Parameterization of randomly measured points for least squares fitting of B-spline curves and surfaces[J]. Computer Aided Design, 1995, 27: 663-675.

[46] 陈凯云，谢晓琴. 节点矢量影响 NURBS 曲线的规律研究与应用[J]. 机械工程学报，2008，44（10）：294-299.

[47] Piegl L, Tiller W. The NURBS Book [M]. New York: Springer, 1995.

[48] Gálvez A, Iglesias A. Efficient particle swarm optimization approach for data fitting with free knot B-splines[J]. Computer-Aided Design, 2011, 43（12）: 1683-1692.

[49] Gálvez A, Iglesias A. Particle swarm optimization for non-uniform rational B-spline surface reconstruction from clouds of 3D data points[J]. Information Sciences, 2012, 192: 174-192.

[50] Ratnaweera A, Halgamuge S K. Self-organizing hierarchical particle swarm optimizer with time-varying acceleration coefficients[J]. IEEE Transactions on Evolutionary Computation, 2004, 8（3）: 240-255.

[51] Ueng W, Lai J, Tsai Y. Unconstrained and constrained curve fitting for reverse engineering[J]. The International Journal of Advanced Manufacturing Technology, 2007, 33(11-12): 1189-1203.

[52] Carlo H, Kiha L, Jane Y. Fair, G^2- and C^2- continuous circle splines for the interpolation of sparse data points[J]. Computer-Aided Design, 2005, 37（2）: 201-211

[53] Meek D, Walton D. Blending two parametric curves[J]. Computer-Aided Design, 2009, 41（6）: 423-431.

[54] Shi K, Yong J, Sun J, et al. ε-G^2 B-spline surface interpolation[J]. Computer-Aided Geometric

Design, 2011, 28 (6): 368-381.
- [55] Shi K, Zhang S, Zhang H, et al. G^2 B-spline interpolation to a closed mesh[J]. Computer-Aided Design, 2011, 43 (2): 145-160.
- [56] Zhao H, Zhu L, Ding H. A real-time look-ahead interpolation methodology with curvature-continuous B-spline transition scheme for CNC machining of short line segments[J]. International Journal of Machine Tools & Manufacture, 2013, 65: 88-98.
- [57] 钱锋. 粒子群优化算法及其工业应用[M]. 北京: 科学出版社, 2013.

反侵权盗版声明

电子工业出版社依法对本作品享有专有出版权。任何未经权利人书面许可，复制、销售或通过信息网络传播本作品的行为；歪曲、篡改、剽窃本作品的行为，均违反《中华人民共和国著作权法》，其行为人应承担相应的民事责任和行政责任，构成犯罪的，将被依法追究刑事责任。

为了维护市场秩序，保护权利人的合法权益，我社将依法查处和打击侵权盗版的单位和个人。欢迎社会各界人士积极举报侵权盗版行为，本社将奖励举报有功人员，并保证举报人的信息不被泄露。

举报电话：（010）88254396；（010）88258888
传　　真：（010）88254397
E-mail：　dbqq@phei.com.cn
通信地址：北京市万寿路173信箱
　　　　　电子工业出版社总编办公室
邮　　编：100036